現代数学への入門　新装版

解析力学と微分形式

現代数学への入門　新装版

解析力学と微分形式

深谷賢治

岩波書店

まえがき

本書は,『電磁場とベクトル解析』の続編で*1, 数学的, 特に幾何学的側面を強調した, 解析力学あるいはハミルトン方程式の教科書である(いずれの書も, もともとは岩波講座『現代数学への入門』の分冊として刊行された).

筆者の卒業した東京大学では, 数学科の学生にとって, 解析力学は必修ではなかった. ついでに書くと, 解析力学の講義は, 土曜日の朝一番であった. 朝寝坊の筆者は結局解析力学を履修せずに終わった. そんなせいもあって, 解析力学が数学の発展の中でどんなに中心的な位置を占めていたのか, 理解するまでに筆者はずいぶんと時間がかかってしまった.

ここ 10 年ぐらい, ロシアの数学者が, 数学と物理学の境界領域で大変よい仕事をしている. 彼らに学生時代に習ったことを聞くと, 解析力学などの日本では物理に属することを, 数学のいろいろな分野と同じように習っているようである. (例えば, アーノルド『古典力学の数学的方法』は, モスクワ大学数学科の学生のための必修講義のテキストだという.) 日本の大学初年級(高校もそうだろう)の数学教育の中で, 数学と(解析)力学, 電磁気学, 量子力学などとのつながりが, なおざりにされているように思える.

それで, 解析力学と電磁気学を数学の講座に入れましょう, と主張した結果, 朝寝坊で講義を受けそこなった分野の本を書くことになった(ちなみに, 電磁気学の講義は月曜日の朝一番で, これも筆者は履修しなかった). もっとも, 筆者の現在の専門はシンプレクティック幾何学とゲージ理論で, これはそれぞれ, 解析力学と電磁気学から発展したものである.

閑話休題.

本書では幾何学的な面が強調されている. といっても, 20 世紀の数学で

---

*1 ただし『電磁場とベクトル解析』第 3 章の内容は, 本書ではほとんど用いない.

の，力学系の研究の中心であった(ある)，常微分方程式の定性的理論(「現代数学への展望」参照)は述べられていない．ではどこが幾何学的なのか？

その1つは，座標変換で不変な性質を問題にしている点である．

『電磁場とベクトル解析』ではベクトル場のいろいろな性質を学んだが，そこで述べなかったことの1つは，座標変換である．ベクトル場の座標変換を調べることは，常微分方程式を変数変換して解くことにあたる．

今まで，読者はいろいろな微分方程式を解く機会があったであろう．微分方程式を解くのに使える，一番有力な方法は，うまく変数変換をして方程式を簡単にしていくことである．このためには，微分方程式を変数変換するとどうなるか，深く理解する必要がある．あるいは，微分方程式の座標変換不変な性質を調べる必要がある．

具体的な式の形より，式を変数変換しても変わらない性質を第一義的に考える，というのは，幾何学的視点であり，本書のテーマである．

本書の第2章で学ぶ微分形式は，さまざまな演算が座標変換で不変であるように工夫された概念である．これを縦横に使うことによって，ハミルトン方程式の座標不変な性質を調べることができる．これが第3章の内容である．さらに第3章では，いくつかの場合についてハミルトン方程式を具体的に解く．

第1章では，力学の方程式をいくつかの場合に解き，肩慣らしをすると同時に，ハミルトン方程式の性質を調べるのに重要である，変分原理について解説する．

第2章と第3章では微分形式やベクトル場の間のさまざまな関係や操作を学ぶ．これらは多様体を学ぶと習う事柄である．本書では多様体は導入しないが，本書と『電磁場とベクトル解析』で述べたことをあわせると，多様体の教科書で述べられている事柄の多くを(多様体の定義を除いて)学ぶことになる．

多様体論として学ぶと抽象的に見える事柄が，微分方程式を変数変換して解くための重要な手法であることを，理解していただけたら幸いである．歴史的に見ればこれが，そのような概念・操作が発見されてきた道筋なのである.

原稿を読んでご意見をくださった高橋陽一郎，神保道夫両氏，および，出版に際してお世話になった岩波書店の編集部の方に感謝します.

2004年2月

深 谷 賢 治

目　次

数学記号

$\mathbb{N}$	自然数の全体
$\mathbb{Z}$	整数の全体
$\mathbb{Q}$	有理数の全体
$\mathbb{R}$	実数の全体
$\mathbb{C}$	複素数の全体

ギリシャ文字

大文字	小文字	読み方	大文字	小文字	読み方
A	α	アルファ	N	ν	ニュー
B	β	ベータ	Ξ	ξ	クシー
Γ	γ	ガンマ	O	o	オミクロン
Δ	δ	デルタ	Π	π, ϖ	パイ
E	ϵ, ε	イプシロン	P	ρ, ϱ	ロー
Z	ζ	ゼータ	Σ	σ, ς	シグマ
H	η	イータ	T	τ	タウ
Θ	θ, ϑ	シータ，テータ	Υ	υ	ユプシロン
I	ι	イオタ	Φ	ϕ, φ	ファイ
K	κ	カッパ	X	χ	カイ
Λ	λ	ラムダ	Ψ	ψ	プサイ
M	μ	ミュー	Ω	ω	オメガ

1 ユークリッド空間上のハミルトン・ベクトル場

この章ではニュートンの運動方程式について学ぶ．特に，運動方程式がハミルトン方程式と呼ばれる常微分方程式であることに着目し，ハミルトン方程式の性質を調べる．第1章の内容は，第2章で微分形式の概念を学んだ後，第3章でより深められる．第1章の内容は，微積分の初歩だけを用いて導き出すことができる事柄である．最後の§1.4では，ハミルトン方程式を調べるための基本的な方法である変分原理を述べる．

§1.1　ベクトル場と積分曲線

(a)　積分曲線

ニュートン力学に代表される古典力学的世界像においては，物理法則は微分方程式で表わされる．すなわち，ある瞬間における物理状態が変化する割合は，その瞬間におけるその系の状態によって決定される．これをもっとも素直に数式として表わせば，次の形の方程式が得られるであろう．

$$\frac{d\boldsymbol{x}}{dt} = \boldsymbol{V}(\boldsymbol{x}, t)\,. \tag{1.1}$$

ここで $\boldsymbol{x} = \boldsymbol{x}(t)$ は時間 t を変数とするベクトル値関数である．古典力学の微分方程式は，(1.1)の形の方程式の中では特別の種類のもので，ハミルトン方程式と呼ばれる．それについては次の節以後で述べることにして，少し(1.1)の解について論じよう．

(1.1)で，写像 $\boldsymbol{V}(\boldsymbol{x},t)$ が時間 t によらない関数 $\boldsymbol{V}(\boldsymbol{x})$ である場合を考えよう．すなわち，方程式

$$\frac{d\boldsymbol{x}}{dt}=\boldsymbol{V}(\boldsymbol{x}) \tag{1.2}$$

を考える．この形の微分方程式を**自励系**(autonomous system)という．自励系を視覚的に見るには**ベクトル場**(vector field)という考え方が便利である．ベクトル場とは，空間の各々の点 $\boldsymbol{x}$ に対してベクトル $\boldsymbol{V}(\boldsymbol{x})$ を対応させる写像を指す．ベクトル場を微分方程式(1.2)と見るとき**力学系**(dynamical system)と呼ぶ．

ベクトル場 $\boldsymbol{V}(\boldsymbol{x})$ の**積分曲線**(integral curve，解曲線ともいう)とは方程式(1.2)の解のことである．すなわち，実数 t にベクトル $\boldsymbol{x}(t)$ を対応させる写像で(1.2)をみたすものを積分曲線という．

問1　ベクトル場の積分曲線は自分自身と交わらない．これはなぜか．

問2*　自励系でない場合は積分曲線は自分自身と交わることがありうる．そのような例を挙げよ．

ベクトル場 $\boldsymbol{V}(\boldsymbol{x})=-\boldsymbol{x}$ (成分で書けば $\boldsymbol{V}(x,y)=(-x,-y)$)を考えると，このベクトル場の積分曲線は微分方程式

$$\frac{d\boldsymbol{x}}{dt}=-\boldsymbol{x} \tag{1.3}$$

の解である．(1.3)の解は $(x(t),y(t))=(C_1e^{-t},C_2e^{-t})$ である(ここで C_1,C_2 は定数，すなわち，変数(この場合は時間 t)によらない数である)．C_1,C_2 を決めるには初期条件(ある時刻での系の状態)を指定すればよい．例えば $t=0$ で $\boldsymbol{x}(0)=(x_0,y_0)$ とすると，$\boldsymbol{x}(t)=(x_0e^{-t},y_0e^{-t})$ が解になる．ベクトル場 $\boldsymbol{V}(\boldsymbol{x})=-\boldsymbol{x}$ とその積分曲線を図示すると図1.1のようになる．接線の定義から分かるように，積分曲線は各点でベクトル場に接している．

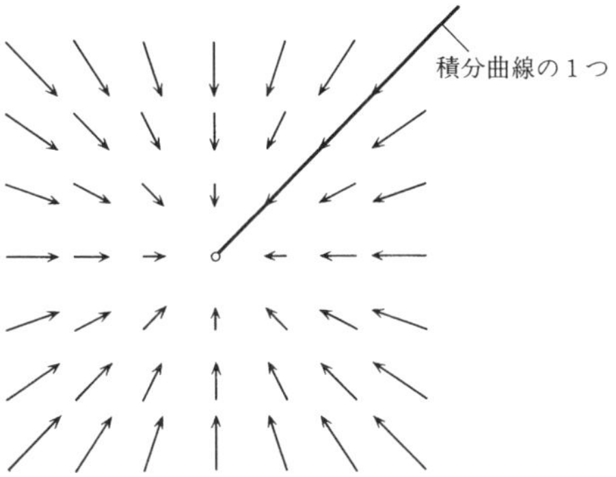

図 1.1　ベクトル場 $\boldsymbol{V}(\boldsymbol{x})=-\boldsymbol{x}$ とその積分曲線

(b)　勾配ベクトル場の積分曲線

ベクトル場の例としては**勾配ベクトル場**(gradient vector field)がある．これは n 変数の関数 $f(x_1, \cdots, x_n)$ を用いて，

$$\boldsymbol{V}(x_1, \cdots, x_n) = \mathrm{grad}\, f = \left(\frac{\partial f}{\partial x_1}, \cdots, \frac{\partial f}{\partial x_n}\right)$$

なる式で定まるベクトル場である．勾配ベクトル場の積分曲線を考えよう．

例 1.1　$f(x,y)=\dfrac{x^2-y^2}{2}$ とすると，$\mathrm{grad}\, f=(x,-y)$ である(図 1.2)．方程式(1.2)はこの場合

$$\begin{cases} \dfrac{dx}{dt} = x \\ \dfrac{dy}{dt} = -y \end{cases}$$

であるから，解は $(x,y)=(x_0e^t, y_0e^{-t})$ である．　□

さて，この節の最後に，勾配ベクトル場の特徴を示す定理を1つ証明しよう(定理 1.3)．そのために言葉を準備する．

定義 1.2　ベクトル場 $\boldsymbol{V}(\boldsymbol{x})$ の積分曲線 $\boldsymbol{x}(t)$ に対して，$\boldsymbol{x}(t)$ が**定常解**(stational solution)であるとは，その値が t によらないことをいう．

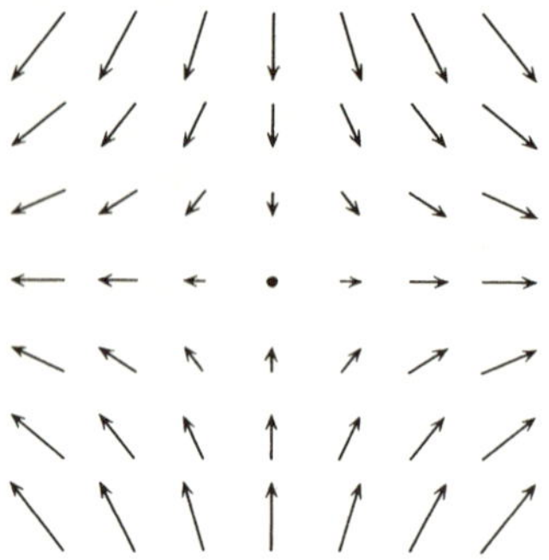

図 1.2 $f=\dfrac{x^2-y^2}{2}$ の勾配ベクトル場

また $\boldsymbol{x}(t)$ が**周期解**(periodic solution)または**周期軌道**(periodic orbit)であるとは，$\boldsymbol{x}(t+T)=\boldsymbol{x}(t)$ であるような正の数 T が存在することをいう． □

周期解の例は次の節で挙げる．

定理 1.3 勾配ベクトル場の積分曲線には定常解以外の周期軌道はない．

［証明］ $\boldsymbol{x}(t)$ を勾配ベクトル場 $\boldsymbol{V}(\boldsymbol{x})=\mathrm{grad}\, f$ の積分曲線とする．関数 $f(\boldsymbol{x}(t))$ の t についての微分を計算してみよう．

$$\frac{df(\boldsymbol{x}(t))}{dt}=\sum_{i=1}^{n}\frac{\partial f}{\partial x_i}\frac{dx_i}{dt}=\sum_{i=1}^{n}\frac{\partial f}{\partial x_i}\frac{\partial f}{\partial x_i}\,.$$

よって

$$\frac{df(\boldsymbol{x}(t))}{dt}\geqq 0 \tag{1.4}$$

であり，また，$\dfrac{df(\boldsymbol{x}(t))}{dt}=0$ であるのは，$\mathrm{grad}\, f(\boldsymbol{x}(t))=\boldsymbol{0}$ のときに限ることがわかる．

さて $\boldsymbol{x}(t)$ を周期軌道としよう．$\boldsymbol{x}(t)$ が，ある t_0 で $\mathrm{grad}\, f(\boldsymbol{x}(t_0))=\boldsymbol{0}$ をみたすとし，$\boldsymbol{x}(t)=\boldsymbol{c}$ とおくと $\boldsymbol{x}(t)$ は $\dfrac{d\boldsymbol{x}(t)}{dt}=\mathrm{grad}\, f(\boldsymbol{x}(t))$ の解であるから，微分方程式の解の一意性定理(本シリーズ『力学と微分方程式』参照)により $\boldsymbol{x}(t)\equiv\boldsymbol{c}$，すなわち $\boldsymbol{x}(t)$ は定常解である．

$\mathrm{grad}\, f(\boldsymbol{x}(t_0))=\boldsymbol{0}$ であるような t_0 が存在しなければ，(1.4)より $\dfrac{df(\boldsymbol{x}(t))}{dt}>0$，つまり $f(\boldsymbol{x}(t))$ は狭義単調増加である．これは $\boldsymbol{x}(t+T)=\boldsymbol{x}(t)$ である

ような正の数 T が存在することに反する． ∎

§1.2　1次元空間上の運動

(a)　ハミルトン・ベクトル場

ニュートン力学が典型的に適用されたのは，天体の運動であった．天体の運動の特徴は周期運動である．したがって，これを表わしている力学系には，周期解がなければならない．前節で，もっとも単純なベクトル場であろうと思われる勾配ベクトル場には，周期解がないことを学んだから，天体の運動は勾配ベクトル場では記述されない．天体の運動を記述するのは，本書の主題であるハミルトン・ベクトル場(Hamilton vector field)である．まず素朴に，例えば，2次元の平面の上で，勾配ベクトル場の次に単純なベクトル場はなにか考えてみよう．

そこで，勾配ベクトル場を，各点で決まった角度だけ回してみよう．各点で180度回してしまうと，符号を変えただけで，また勾配ベクトル場になってしまうから，各点で90度回してみよう．すると方程式は次のようになる．

$$\begin{cases} \dfrac{dx}{dt} = \dfrac{\partial f}{\partial y} \\ \dfrac{dy}{dt} = -\dfrac{\partial f}{\partial x} \end{cases} \tag{1.5}$$

この右辺に対応するベクトル場

$$\left(\frac{\partial f}{\partial y}, -\frac{\partial f}{\partial x} \right)$$

を，ハミルトニアン(Hamiltonian) f に対する**ハミルトン・ベクトル場**といい，方程式(1.5)を**ハミルトン方程式**という．(力学系と見なす場合は，ハミルトン系，またはハミルトン力学系と呼ぶ．)

例 1.4　$f = \dfrac{x^2+y^2}{2}$ とおくと(1.5)は

$$\begin{cases} \dfrac{dx}{dt} = y \\ \dfrac{dy}{dt} = -x \end{cases} \tag{1.6}$$

と表せる．これは絵で描くと図1.3のようになる．

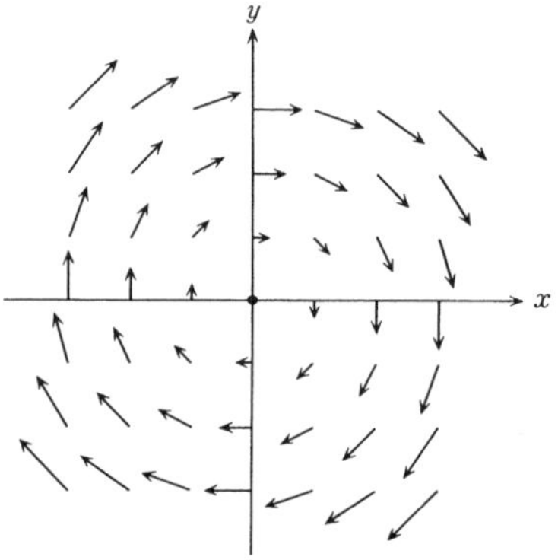

図 1.3　$f = \dfrac{x^2+y^2}{2}$ に対するハミルトン・ベクトル場

方程式(1.6)の解は

$$\begin{cases} x(t) = r_0 \sin(t+\theta_0) \\ y(t) = r_0 \cos(t+\theta_0) \end{cases}$$

であるから，積分曲線は円で，$(x(t), y(t))$ はこの円の上を一定の速度で回る．この運動を**単振動**(simple harmonic motion)という．早くもこの一番単純な例で周期解が現れた．単振動は周期現象のモデルとしてもっとも基本的なものである．　□

問 3　ハミルトニアン $f = \dfrac{x^2-y^2}{2}$ に対するハミルトン・ベクトル場と，その積分曲線を求めよ．

(b)　ハミルトン系の性質と最初の計算例

ハミルトン系の著しい性質を述べる．定理1.3と比べてみよ．

定理 1.5　$(x(t), y(t))$ が方程式(1.5)の解であるとすると，$f(x(t), y(t))$ は t によらず一定である．

[証明]

$$\frac{d}{dt}f(x(t), y(t)) = \frac{\partial f}{\partial x}\frac{dx}{dt} + \frac{\partial f}{\partial y}\frac{dy}{dt} = \frac{\partial f}{\partial x}\frac{\partial f}{\partial y} - \frac{\partial f}{\partial y}\frac{\partial f}{\partial x} = 0. \quad \blacksquare$$

例 1.6　$f = -\cos x + \frac{1}{2}y^2$ とする．方程式(1.5)はこの場合

$$\begin{cases} \dfrac{dx}{dt} = y \\ \dfrac{dy}{dt} = -\sin x \end{cases} \tag{1.7}$$

である．そのまま代入すると

$$\frac{d^2x}{dt^2} = -\sin x$$

になる．これは右辺が x に対して非線形なので，そんなにやさしい方程式ではない．一目見ただけで解を見つけるのは無理であろう．定理1.5を使ってみよう．

方程式 $-\cos x + \frac{1}{2}y^2 = C$ の表わす曲線 L_C を考える．(正確にいうと，L_C は曲線の(有限または無限個の)和である．) 初期値 $\boldsymbol{x}(0)$ が L_C に含まれれば，定理1.5より積分曲線 $\boldsymbol{x}(t)$ は L_C に含まれる．さらに L_C 上で $\left(\frac{\partial f}{\partial y}, -\frac{\partial f}{\partial x}\right)$ が $\mathbf{0}$ にならなければ，積分曲線は L_C を構成する曲線の1つに一致する．C を動かすと L_C の形がどのように変化するかを見よう．

$C < -1$ のとき L_C は空集合，$C = -1$ のときはとびとびの(離散的な)点の集合 $\{(2\pi k, 0) \mid k \in \mathbb{Z}\}$，$1 \geqq C > -1$ のときは閉曲線の無限和，$C > 1$ のときは無限の長さを持つ曲線2つの和である(図1.4参照)．

一方，

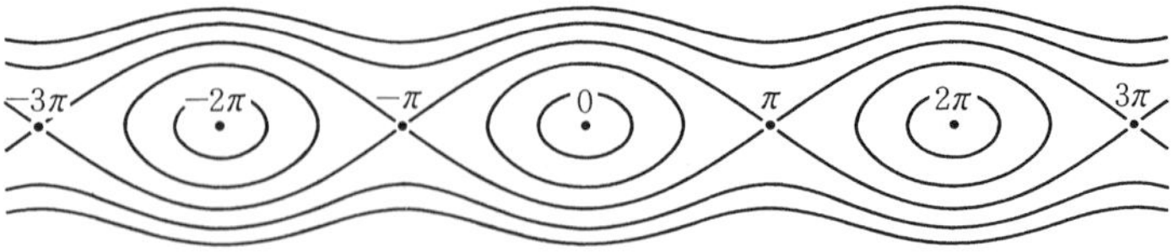

図 1.4　方程式(1.7)の積分曲線

$$\frac{d}{dt}(x(t), y(t)) = (y, -\sin x)$$

が $\mathbf{0}$ になるのは，$C=-1$ の場合の $\{(2k\pi, 0) \mid k \in \mathbb{Z}\}$ と，$C=1$ の場合の $\{((2k+1)\pi, 0) \mid k \in \mathbb{Z}\}$ である．以上により，

（1） $(x(0), y(0)) = (2k\pi, 0)$ または $(x(0), y(0)) = ((2k+1)\pi, 0)$ のとき，$(x(t), y(t))$ は定常解．

（2） $-1 < f(x(0), y(0)) < 1$ のとき，解は周期解．

（3） $f(x(0), y(0)) = 1$，$(x(0), y(0)) \neq ((2k+1)\pi, 0)$ のとき，積分曲線は L_1 から点 $((2k+1)\pi, 0)$ を除いたものの連結成分である．この場合，積分曲線は有界であるが周期解ではない．

（4） $f(x(0), y(0)) > 1$ のとき，積分曲線は有界ではない．

問 4　(3)の場合，$\displaystyle\lim_{t \to \pm\infty}(x(t), y(t)) = ((2k \pm 1)\pi, 0)$ となっていることを確かめよ．

解の具体的な式を求めてみよう．例えば $(x(0), y(0)) = (0, 1)$ の場合を考える．$L_{-1/2}$ の方程式は $1 = 2(1-\cos x) + y^2$ と書き換えることができるから，$L_{-1/2}$ 上の点は

$$\begin{cases} 1 - \cos x = \dfrac{1}{2}\sin^2\theta \\ y = \cos\theta \end{cases}$$

とおける．ただし，第 1 式では x が決まらないが，$\sin x$ と $\sin\theta$ の正負が一致し，$-\pi < x < \pi$ となるようにとる(表 1.1)．

表 1.1

θ	$-\dfrac{3\pi}{2}$		$-\pi$		$-\dfrac{\pi}{2}$		0		$\dfrac{\pi}{2}$		π		$\dfrac{3\pi}{2}$
x	$\dfrac{\pi}{3}$	↘	0	↘	$-\dfrac{\pi}{3}$	↗	0	↗	$\dfrac{\pi}{3}$	↘	0	↘	$-\dfrac{\pi}{3}$
$1-\cos x=\dfrac{1}{2}\sin^2\theta$	$\dfrac{1}{2}$	↘	0	↗	$\dfrac{1}{2}$	↘	0	↗	$\dfrac{1}{2}$	↘	0	↗	$\dfrac{1}{2}$

すると，$(x(t),y(t))$ は時計回りに $L_{-1/2}$ を回るから，$\dfrac{d\theta}{dt}>0$ である．θ を t の関数として求めたい．$1-\cos x=\dfrac{1}{2}\sin^2\theta$ より

$$\sin^2 x=\frac{4\sin^2\theta-\sin^4\theta}{4}$$

一方，合成関数の微分法より $\dfrac{dy}{dt}=-\dfrac{d\theta}{dt}\sin\theta$ で，また，方程式(1.7)より $\dfrac{dy}{dt}=-\sin x$ である．この 3 つの式から（$\dfrac{d\theta}{dt}>0$ であるから）

$$\frac{d\theta}{dt}=\frac{1}{2}\sqrt{4-\sin^2\theta}$$

この方程式は変数分離型の常微分方程式だから，これで解が求められる．つまり不定積分

$$g(\theta)=2\int\frac{1}{\sqrt{4-\sin^2\theta}}\,d\theta$$

で $g(0)=0$ であるものをとると，$\theta(t)=g^{-1}(t)$．よって

$$\begin{cases} x=\arccos\left(1-\dfrac{1}{2}\sin^2(g^{-1}(t))\right) \\ y=\cos(g^{-1}(t)) \end{cases} \tag{1.8}$$

$g(\theta)$ は楕円積分であるから，解は初等関数では書けない．この積分の式より図 1.4 の方が，解の様子を知るには有効であろう．　□

問 5　(1.7)の $(x(0),y(0))=(0,4)$ の場合の解を求めよ．

(c)　ニュートンの運動方程式

ニュートンの運動方程式を思い出して，(a)で述べた $\mathbb{R}^2$ 上のハミルトン系が，1次元空間上の質点の運動を記述する方程式であることを見よう．ニュートンの運動方程式は

$$m\frac{d^2x}{dt^2} = F \tag{1.9}$$

と表わされた．ここで x は時間 t の関数で，時刻 t での質点の位置を表わし，F はその質点にその時刻に働いている力を表わす．また，m は質点の質量で定数である．ここでは質点は1次元空間を動いているとする．したがって x は $\mathbb{R}$ (t の定義域) 上定義され，$\mathbb{R}$ に値をもつ関数である．

一般には，力 F は x (位置)，$\dfrac{dx}{dt}$ (速度)，t (時間) の関数である．しかしここでは，F が位置だけの関数である場合を扱う．(F が位置と時間の関数である場合も，いろいろなことを同じように扱うことができる．F が $\dfrac{dx}{dt}$ に依存する場合には，方程式の性格が大きく変わる．)

F が x だけで決まるという仮定は，例えば重力場や電場などから質点が力を受けて運動している場合に当てはまる．F が t によらないことは，この場(外場という)が時間で変化しないことを意味する．

ニュートンの運動方程式(1.9)は，$\mathbb{R}$ に値をもつ関数に対する2階の常微分方程式であるが，今までの話にあわせるために，これを $\mathbb{R}^2$ に値をもつ関数に対する1階の常微分方程式に書き換えよう．そのために $q = x$，$p = m\dfrac{dx}{dt}$ とおく．すると(1.9)は

$$\begin{cases} \dfrac{dq}{dt} = \dfrac{p}{m} \\[2mm] \dfrac{dp}{dt} = F \end{cases} \tag{1.10}$$

となる．ここで，$\dfrac{dV}{dq} = -F$ となるような $\mathbb{R}$ 上の関数 V をとる．この V のことを**ポテンシャル**という．(今考えているのは空間が1次元の場合であるので，このような V は必ず存在する．) すると(1.10)は

$$H=\frac{p^2}{2m}+V \tag{1.11}$$

とおくことで

$$\begin{cases} \dfrac{dq}{dt}=\dfrac{\partial H}{\partial p} \\ \dfrac{dp}{dt}=-\dfrac{\partial H}{\partial q} \end{cases} \tag{1.12}$$

と表わせる．(1.12)は(a)で考えたハミルトン方程式である．ここでのハミルトニアンは(1.11)で定義された H である．

注意 1.7　F が t によって変化する場合には，ポテンシャル V は q と t の関数としてとれる．(つまり $\dfrac{\partial V(q,t)}{\partial q}=-F(q,t)$ が各々の (q,t) に対して成立する．) このとき運動方程式(1.9)は，$H=\dfrac{p^2}{2m}+V$ とおくと，やはり(1.12)と同値である．

H は物理的にはエネルギーという意味を持っている．$\dfrac{p^2}{2m}=\dfrac{m}{2}\left(\dfrac{dx}{dt}\right)^2$ は**運動エネルギー**(kinetic energy)，V は**位置エネルギー**または**ポテンシャル・エネルギー**(potential energy)と呼ばれる．このとき，定理 1.5 は**エネルギー保存法則**である．すなわち，時刻 t におけるエネルギー $H(p,q)$ は t によらず一定である．エネルギー保存法則は物理的に深い意味を持っているが，単に方程式を調べるといった見地からも重要であることは，(b)で垣間見た通りである．

ここで，前項であげた2つの例をもう一度眺めてみよう．例 1.4 はポテンシャルが $V=\dfrac{q^2}{2}$ の場合，つまり $H=\dfrac{p^2}{2}+\dfrac{q^2}{2}$ の場合に対応する．(以後 §1.4 以外では質量 m は 1 とする．) $V=\dfrac{q^2}{2}$ で決まる場の例はいろいろある．一番簡単なのが，質点がバネで1点につながっていると考えた場合である(図 1.5)．この場合，質点に働く力は $F=-C(q-q_0)$ である．$C=1$ として変数変換 $q'=q+q_0$ をすると，$F=\dfrac{\partial V}{\partial q'}$ になる．

注意 1.8　F が $\dfrac{dx}{dt}$ に依存している典型例は摩擦が働いている場合で，このと

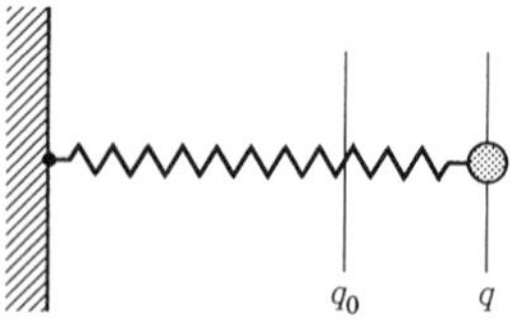

図 1.5　バネの単振動

きは質点だけを見ていたのでは，エネルギー保存法則が成り立たない．このことを簡単な例で見てみよう．

$$F=-2q-3\frac{dq}{dt}$$

である場合を考えてみよう．ここで項 $-3\dfrac{dq}{dt}$ は摩擦にあたる．すなわち，速度と逆方向に速度と比例した大きさの力が働く．ニュートンの運動方程式は

$$\frac{d^2q}{dt^2}+3\frac{dq}{dt}+2q=0$$

である．これは定数係数 2 階常微分方程式であるから解法が知られている．解は

$$\begin{cases} q(t)=C_1e^{-t}+C_2e^{-2t} \\ p(t)=-C_1e^{-t}-2C_2e^{-2t} \end{cases}$$

である(直接計算すれば確かめられる)．この解はどの初期条件に対しても $\lim_{t\to\infty}(q(t),p(t))=(0,0)$ をみたす．

$\dfrac{dH(q(t),p(t))}{dt}=0$ が任意の解 $(q(t),p(t))$ に対して成立するような，$\mathbb{R}^2$ 上の(定数でない)関数 H は存在しない．なぜなら，$\dfrac{dH(q(t),p(t))}{dt}=0$ とすると，$H(q(0),p(0))=\lim_{t\to\infty}H(q(t),p(t))=H(0,0)$ が任意の初期条件 $(q(0),p(0))$ に対して成立する．したがって H は定数である．

こうして方程式 $\dfrac{d^2q}{dt^2}+3\dfrac{dq}{dt}+2q=0$ に対しては，どのようにエネルギーを定義しても，エネルギーは保存されないことがわかった．

例 1.6 の方を見てみよう．図 1.6 のように，1 点でひもが固定されたブランコを考え，下の方向に一様に重力が働いているとしよう．ブランコの位置は角度 q で決まる．(q は本当は実数($\mathbb{R}$ の元)と思うより，実数で $q=q_0$ と $q=q_0+2\pi$ とを同じに考えたものと捉える必要がある．これが**一般角**の考え

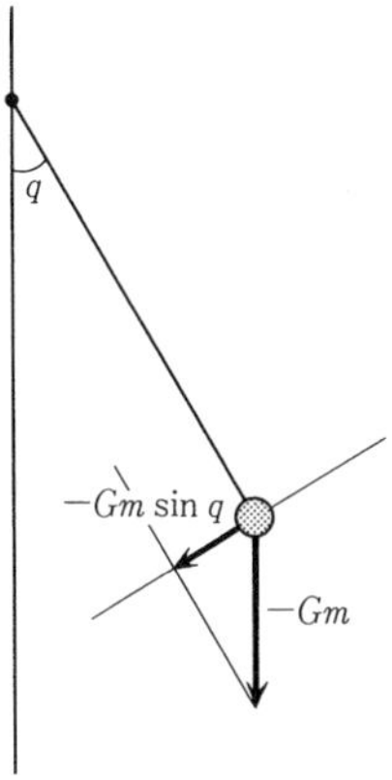

図 1.6　ブランコの運動

方である.)

さて，物体が位置 q にあるとき，物体が動きうる方向に働く力は，図 1.6 より $-Gm\sin q$ で与えられる．したがって，記号の節約のため $G=m=1$ とおくと，$F=-\sin q$, $V=-\cos q$, $H=-\cos q+\dfrac{1}{2}p^2$ である．これが例 1.6 であった.

ここで，ハミルトン系という特別な力学系を考えたために，力学系一般と違った現象が起こっていることに注意しておこう．例えば例 1.4 の微分方程式(1.6)を少し摂動しよう．(すなわち，十分に 0 に近い項を付け加える.) すると「普通は」力学系の様子は大きく変わり，周期解はなくなってしまう．具体的には，例えば $\varepsilon>0$ として

$$\begin{cases} \dfrac{dq}{dt} = p-\varepsilon q \\ \dfrac{dp}{dt} = -q-\varepsilon p \end{cases}$$

を考えると，この解は $(q(t),p(t))=(r_0e^{-\varepsilon t}\sin(t+t_0),\ r_0e^{-\varepsilon t}\cos(t+t_0))$ で与えられ，$t\to\infty$ で $\mathbf{0}$ に収束する．したがって周期解はない．ここでは 1 つの特別な摂動だけを見たが，他の摂動でもほとんどすべての摂動が周期解を壊すことが示される.

一方，ハミルトン方程式の性質を保ったままで，方程式を摂動したらどうだろうか．つまり $H_\varepsilon = \dfrac{q^2+p^2}{2} + \varepsilon g(q,p)$ なる関数をハミルトニアンにしたハミルトン方程式

$$\begin{cases} \dfrac{dq}{dt} = p + \varepsilon \dfrac{\partial g}{\partial p} \\ \dfrac{dp}{dt} = -q - \varepsilon \dfrac{\partial g}{\partial q} \end{cases} \tag{1.13}$$

を考えよう．この方程式は ε が十分小さければやはり周期解を持つ．正確には次のことが示せる．

定理 1.9　任意の (q_0, p_0) に対して ε_0 が存在して，$|\varepsilon| \leqq \varepsilon_0$ ならば(1.13)の $(q(0), p(0)) = (q_0, p_0)$ なる解は周期解である．

［証明］　$C_\varepsilon = \dfrac{q_0^2+p_0^2}{2} + \varepsilon g(q_0, p_0)$ として $L_\varepsilon = \{(q,p) \mid H_\varepsilon(q,p) = C_\varepsilon\}$ を考えよう．$\varepsilon = 0$ のとき L_0 は円だから閉曲線である．したがって，ε が十分小さければ L_ε も閉曲線である．(例えば本シリーズ『電磁場とベクトル解析』定理 1.31 を用いれば示される．)

また L_0 上 $H_0 = \dfrac{q^2+p^2}{2}$ に対するハミルトン・ベクトル場は $\mathbf{0}$ にならないから，$|\varepsilon|$ が十分小さければ，L_ε 上 $H_\varepsilon = \dfrac{q^2+p^2}{2} + \varepsilon g(q,p)$ に対するハミルトン・ベクトル場は $\mathbf{0}$ にならない．したがって，解 $(q(t), p(t))$ は閉曲線 L_ε 上を進み，途中で止まることはない．よって，ある $T_0 > 0$ で，$(q(T_0), p(T_0))$ は (q_0, p_0) に戻ってくる．この T_0 に対して，$q(t+T_0) = q(t)$，$p(t+T_0) = p(t)$ が成り立つ．つまり $(q(t), p(t))$ は T_0 を周期とする周期解である．　■

§1.3　2次元空間上の運動

(a)　平面上の運動

この節では，物体が2次元空間を運動するときの様子を考察する．物体の位置を座標で (x_1, x_2) と表わそう．すると運動方程式は

$$\begin{cases} \dfrac{d^2x_1}{dt^2} = F_1 \\ \dfrac{d^2x_2}{dt^2} = F_2 \end{cases} \tag{1.14}$$

と表わされる．前節と同様，力 (F_1, F_2) は (x_1, x_2) だけにより，その微分にはよらないとする．さらに，ポテンシャルが存在する，つまり

$$(F_1, F_2) = -\operatorname{grad} V = -\left(\frac{\partial V}{\partial x_1}, \frac{\partial V}{\partial x_2}\right)$$

となるような (x_1, x_2) の関数 V が存在すると仮定する．(2次元の場合には，任意の (F_1, F_2) に対してこのような V が存在するわけではなかった．『電磁場とベクトル解析』参照．)

ハミルトニアンを

$$H(q_1, q_2, p_1, p_2) = \frac{p_1^2 + p_2^2}{2} + V(q_1, q_2) \tag{1.15}$$

で定義する．ここで $q_i = x_i$，$p_i = \dfrac{dx_i}{dt}$ $(i=1,2)$ である．

$\mathbb{R}^4$ に関数 H が与えられたとき，ハミルトニアン H に対するハミルトン方程式とは，次の形の常微分方程式である．

$$\begin{cases} \dfrac{dq_i}{dt} = \dfrac{\partial H}{\partial p_i} & (i=1,2) \\ \dfrac{dp_i}{dt} = -\dfrac{\partial H}{\partial q_i} & (i=1,2) \end{cases} \tag{1.16}$$

(1.16)に(1.15)のハミルトニアンを当てはめると

$$\begin{cases} \dfrac{dq_i}{dt} = p_i & (i=1,2) \\ \dfrac{dp_i}{dt} = F_i & (i=1,2) \end{cases}$$

となって運動方程式(1.14)に一致する．したがって，運動方程式(1.14)は(1.15)のハミルトニアンに対するハミルトン方程式とみなせる．

例 1.10　ニュートンによる重力理論では，原点に重い物体があるとき，(q_1, q_2) にある質点に働く重力は，大きさが $\dfrac{GmM}{q_1^2+q_2^2}$ で方向は原点を向いている．式で書くと

$$(F_1, F_2) = -\frac{GmM}{(q_1^2+q_2^2)^{3/2}}(q_1, q_2)$$

である．(m は運動する質点の，M は原点に置かれた物体の質量で，G は重力定数である．M が m より十分大きい場合を考え，中心に置かれた物体へ，運動する質点の及ぼす力は無視した．) これに対するポテンシャルは

$$V(q_1, q_2) = -\frac{GmM}{\sqrt{q_1^2+q_2^2}} \tag{1.17}$$

である．このポテンシャルに対して(1.15)を書くと

$$\begin{cases} \dfrac{dq_i}{dt} = \dfrac{p_i}{m} & (i=1,2) \\ \dfrac{dp_i}{dt} = -\dfrac{GmM}{(q_1^2+q_2^2)^{3/2}}q_i & (i=1,2) \end{cases} \tag{1.18}$$

である．この方程式が，原点に置かれた物体からの重力のもとで，2次元空間内を運動する質点に対する運動方程式である．　□

2次元の場合も定理1.5(エネルギー保存法則)は成立する．すなわち，

定理 1.11　H は(1.16)の積分曲線の上で定数である．すなわち，$(q_1(t), q_2(t), p_1(t), p_2(t))$ を方程式(1.16)の解とすると

$$\frac{dH(q_1(t), q_2(t), p_1(t), p_2(t))}{dt} = 0.$$

□

証明は定理1.5とまったく同じである．さて，定理1.11があると，§1.2でやったようにして方程式(1.16)を解くことができるであろうか．実はそうはいかない．理由を考えるために§1.2のやり方を復習しよう．

まず，ハミルトニアンが積分曲線上で定数であることを証明する．次に，集合 $H=C$ を考えると，これは1次元である．(これは2次元の空間上でハミルトン系を考えていることの帰結である．) したがって，曲線 $H=C$ 上で

ハミルトン・ベクトル場が消えなければ，$H=C$ は積分曲線と一致する．後はパラメータを決めればよい．

この方法をこの節の問題に当てはめようとすると，困るのは集合 $H=C$ が今度は1次元でなく3次元になってしまう点である．したがって，$H=C$ が積分曲線と一致することはありえない．

一般に，積分曲線上で定数であるような関数を**第1積分**(first integral)という．

定義 1.12　$\mathbb{R}^4$ 上の関数 $G\colon \mathbb{R}^4 \to \mathbb{R}$ がハミルトン方程式(1.16)の**第1積分**であるとは，(1.16)の任意の積分曲線 $(q_1(t), q_2(t), p_1(t), p_2(t))$ に対して次の式が成り立つことをいう．

$$\frac{dG(q_1(t), q_2(t), p_1(t), p_2(t))}{dt} = 0\,.$$

□

例 1.13　ハミルトニアン H はそれが定めるハミルトン方程式の第1積分である．□

さて，2自由度の場合に1自由度と違って現れる問題として上で述べたことは，1自由度の場合には第1積分を1つ求めれば解が求められたが，2自由度であると1個では不十分である，ということである．ハミルトニアンそのものが第1積分なのであるから，1つめの第1積分はすぐ見つかる．2自由度(やそれより自由度が多い)の場合に，ハミルトニアン以外の第1積分をどうやって見つけたらよいであろうか．実は第1積分を組織的に求めるアルゴリズムはない．一般には十分な数の第1積分がない例もある．

(b)　角運動量

一般論はしばらくおいて，例1.10すなわち重力場のもとでの平面上の物体の運動の場合，(1.18)に第1積分を見つけよう．そのために，ケプラーの法則を思い出そう．

ケプラーの法則

(i)　惑星は楕円軌道を描き，太陽はその焦点の1つと一致する．

（ii）　惑星の時刻 t での位置と太陽を結ぶ線分 L_t を考え，この線分 L_t が $t_0 \leqq t \leqq t_1$ の間に通る平面の部分の面積を $\mathrm{Area}(t_0, t_1)$ と書くと，$\mathrm{Area}(t, t+C)$ は C のみにより t によらない(図 1.7).

（iii）　惑星が太陽の周りを回るのにかかる時間の2乗は軌道の長軸の長さの3乗に比例する. □

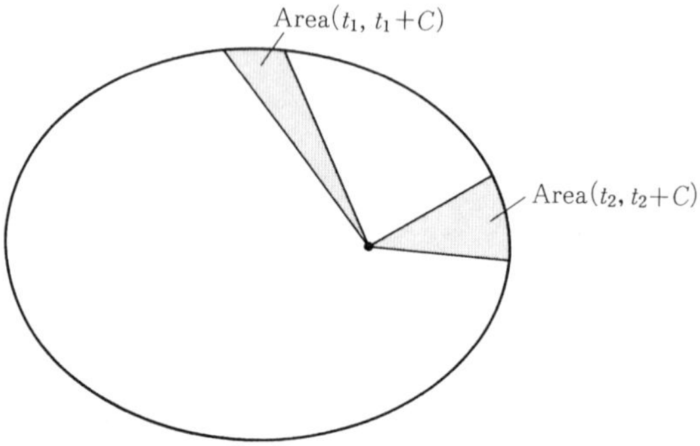

図 1.7　面積速度一定の法則

この2番目の法則を面積速度一定の法則という．これより，無限小に移ると $\displaystyle\lim_{\varepsilon\to 0}\frac{\mathrm{Area}(t,t+\varepsilon)}{\varepsilon}$ は t によらない．よって $\displaystyle\lim_{\varepsilon\to 0}\frac{\mathrm{Area}(t,t+\varepsilon)}{\varepsilon}$ を $q_i(t)$ とその微分 $p_i(t) = m\dfrac{dq_i}{dt}(t)$ で表わすことができれば，これが第1積分になる.

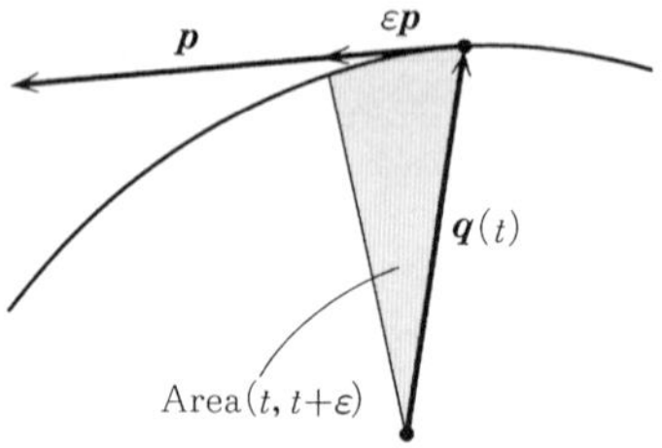

図 1.8　角運動量

図 1.8 を見ると，ε が小さければ，面積 $\mathrm{Area}(t, t+\varepsilon)$ は $q(t), q(t+\varepsilon), 0$ がなす3角形の面積に近い．この3角形の面積の2倍はおおよそ $\varepsilon(q_1p_2 - q_2p_1)$ である．以後 $\boldsymbol{q}\times\boldsymbol{p} = q_1p_2 - q_2p_1$ と書く．よって

$$\lim_{\varepsilon\to 0}\frac{2\,\mathrm{Area}(t,t+\varepsilon)}{\varepsilon}=\boldsymbol{q}(t)\times\boldsymbol{p}(t).$$

ここで求めた量 $\boldsymbol{q}(t)\times\boldsymbol{p}(t)$ のことを**角運動量**(angular momentum)という．以上の議論を要約するとケプラーの第2法則は角運動量保存法則を導く，となる．

歴史的順序からいえば，ケプラーの法則が発見されたのが先であり，ニュートンの重力理論と運動方程式を生んだ主要な観測結果であった．いずれにしても，論理的順序からいえば，我々は角運動量が重力場のもとでの運動について保存されることを，証明しなければならない．これをもう少し一般的な仮定の下で証明しよう．

定義 1.14　$V(q_1,q_2)$ が**中心力場のポテンシャル**であるとは，1変数関数 K があって，$V(q_1,q_2)=K\left(\sqrt{q_1^2+q_2^2}\right)$ と表わされることをいう．　□

定理 1.15　$V(q_1,q_2)$ を中心力場のポテンシャルとし，

$$H=\frac{\|\boldsymbol{p}\|^2}{2m}+V$$

なるハミルトニアンを考えると，角運動量

$$A(\boldsymbol{q},\boldsymbol{p})=\boldsymbol{q}\times\boldsymbol{p}$$

は H が定めるハミルトン系の第1積分である．　□

定理1.15の証明の前に，**ポアソン括弧**(Poisson's bracket)なる記号を導入しておこう．ポアソン括弧については第3章でより詳しく述べる．

定義 1.16　2つの $\mathbb{R}^4$ 上の(実数値)関数 $G_1\colon\mathbb{R}^4\to\mathbb{R}$, $G_2\colon\mathbb{R}^4\to\mathbb{R}$ に対してそのポアソン括弧 $\{G_1,G_2\}$ とは，$\mathbb{R}^4$ 上の(実数値)関数であって次の式で定義される．

$$\{G_1,G_2\}=\sum_{i=1}^{2}\left(\frac{\partial G_1}{\partial q_i}\frac{\partial G_2}{\partial p_i}-\frac{\partial G_1}{\partial p_i}\frac{\partial G_2}{\partial q_i}\right).$$

□

定理 1.17　$G\colon\mathbb{R}^4\to\mathbb{R}$ を $\mathbb{R}^4$ 上の関数とし，$(\boldsymbol{q}(t),\boldsymbol{p}(t))$ をハミルトニアン H に対するハミルトン方程式(1.16)の解とすると，次の式が成り立つ．

$$\frac{dG(\boldsymbol{q}(t),\boldsymbol{p}(t))}{dt}=\{G,H\}.$$

［証明］

$$\frac{dG(\boldsymbol{q}(t),\boldsymbol{p}(t))}{dt} = \sum_{i=1}^{2}\left(\frac{\partial G}{\partial q_i}\frac{dq_i}{dt}+\frac{\partial G}{\partial p_i}\frac{dp_i}{dt}\right)$$
$$= \sum_{i=1}^{2}\left(\frac{\partial G}{\partial q_i}\frac{\partial H}{\partial p_i}-\frac{\partial G}{\partial p_i}\frac{\partial H}{\partial q_i}\right) = \{G,H\}\,.$$

∎

系 1.18　$\mathbb{R}^4$ 上の関数 $G\colon \mathbb{R}^4\to\mathbb{R}$ が，ハミルトニアン H に対するハミルトン方程式の第1積分である必要十分条件は，$\{G,H\}=0$ である．　□

［定理 1.15 の証明］　$r=\sqrt{q_1^2+q_2^2}$，$V(q_1,q_2)=K(r)$ とおくと

$$\{A,H\} = \sum_{i=1}^{2}\left(\frac{\partial A}{\partial q_i}\frac{\partial H}{\partial p_i}-\frac{\partial A}{\partial p_i}\frac{\partial H}{\partial q_i}\right).$$

ここで

$$\sum_{i=1}^{2}\frac{\partial A}{\partial q_i}\frac{\partial H}{\partial p_i} = p_2p_1-p_1p_2 = 0\,.$$

また

$$\sum_{i=1}^{2}\frac{\partial A}{\partial p_i}\frac{\partial H}{\partial q_i} = \sum_{i=1}^{2}\frac{\partial A}{\partial p_i}\frac{\partial V}{\partial q_i} = \frac{\partial K}{\partial r}\left(-q_2\frac{\partial r}{\partial q_1}+q_1\frac{\partial r}{\partial q_2}\right) = 0\,.$$

∎

(c)　ニュートンの運動方程式とケプラーの法則

以上で我々は中心力場の運動に対して2つの第1積分を見いだした．これを利用して，重力場のもとでの運動方程式(1.18)を解いてみよう．

そのために，定数 H_0, A_0 が与えられたとき，ハミルトニアン H と角運動量 A の値がそれぞれ H_0, A_0 である点の集合 $\Sigma(H_0,A_0)$ がどんな図形であるかを見よう．それには $\mathbb{R}^4$ に次のような座標を入れるのがよい．(r,θ) を空間成分 (q_1,q_2) に対する極座標とする．すなわち

$$(r\cos\theta, r\sin\theta) = (q_1,q_2)\,.$$

また，(p_1,p_2) を半径方向とそれに垂直な方向に分けて p_r, p_θ とする．つまり

$$(p_1,p_2) = \frac{p_r}{r}(q_1,q_2)+\frac{p_\theta}{r}(-q_2,q_1)$$

(図 1.9 参照)．

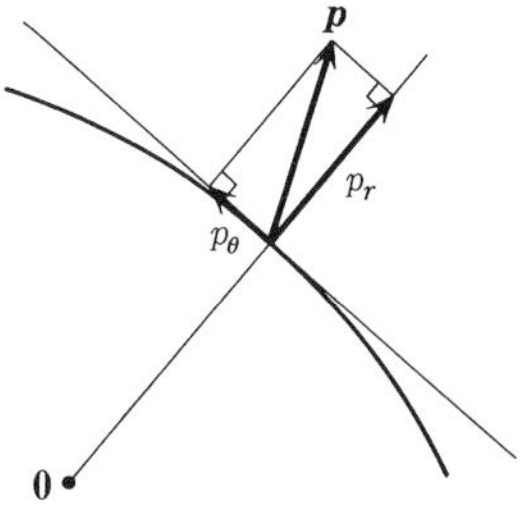

図 1.9　運動量の角方向と半径方向への分解

この座標では，$\Sigma(H_0, A_0)$ は次のように表わされる.

$$\begin{cases} H_0 = \dfrac{p_1^2+p_2^2}{2m} - \dfrac{GmM}{\sqrt{q_1^2+q_2^2}} = \dfrac{p_r^2+p_\theta^2}{2m} - \dfrac{GmM}{r} \\ A_0 = q_1p_2 - q_2p_1 = rp_\theta \end{cases} \tag{1.19}$$

(1.19)から p_θ を消去すると，

$$H_0 = \frac{p_r^2}{2m} + \frac{A_0^2}{2mr^2} - \frac{GmM}{r}. \tag{1.20}$$

$p_r^2 \geqq 0$ に注意すると，

$$-H_0r^2 - GmMr + \frac{A_0^2}{2m} = -\frac{p_r^2r^2}{2m} \leqq 0.$$

ここで場合分けをしよう.

［場合 1］　$-H_0r^2 - GmMr + \dfrac{A_0^2}{2m} = 0$ がただ 1 つの実根(重根)をもつ場合. これは判別式が 0，つまり $H_0 = -\dfrac{G^2M^2m^3}{2A_0^2}$ である場合である. この場合は $r = -\dfrac{GmM}{2H_0}$ で定数である. また

$$p_r \equiv 0, \quad p_\theta \equiv \frac{A_0}{r} = -\frac{2H_0A_0}{GmM}$$

である. すなわち，質点は等速円運動をする.

［場合 2］　$-H_0r^2 - GmMr + \dfrac{A_0^2}{2m} = 0$ が 2 つの正の実根をもつ場合. つま

り $0 > H_0 > -\dfrac{G^2M^2m^3}{2A_0^2}$ の場合．2実根を $r_{\min}, r_{\max}$ $(r_{\min} < r_{\max})$ とする．この場合が，質点がケプラーの法則に従う楕円運動をする場合である．(このことは少しあとで証明する.)

(1.20)をみたす組 (r, p_r) の全体は $r_{\min} < r < r_{\max}$ なる各々の r に対しては，p_r の正負の2点，$r = r_{\min}$ または $r_{\max}$ のときは $p_r = 0$ の1点である．したがってこのような組 (r, p_r) の全体は閉曲線である(図1.10).

(r, p_r) に対して(1.20)をみたす (r, θ, p_r) を決めるには，あとは θ を決めればよい．よって，(1.20)をみたす (r, θ, p_r) の集合 $\Sigma(H_0, A_0)$ は浮輪の表面のような形をしている(図1.11)．このような図形を**トーラス**(torus，**輪環面**)と呼ぶ．(この場合の $\Sigma(H_0, A_0)$ を**不変トーラス**という．§3.3参照.)

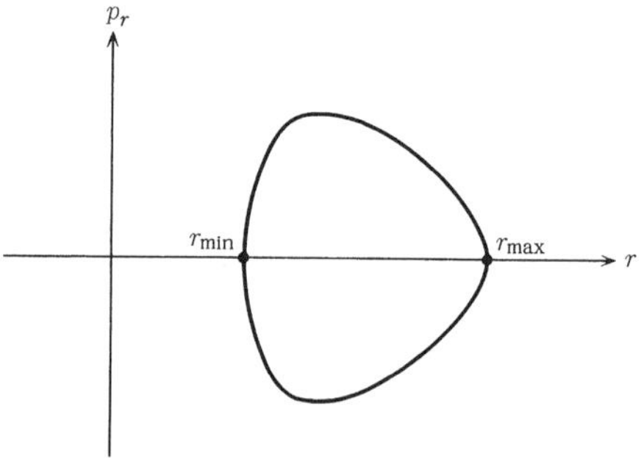

図1.10　惑星の運動の不変トーラスの断面図

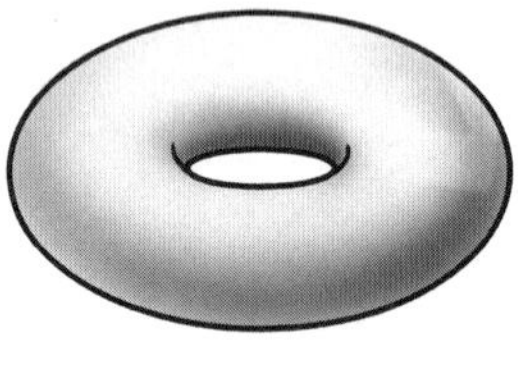

図1.11　トーラス

［場合3］　$H_0 \geqq 0$ の場合．(1.19)をみたす組 (r, p_r) の全体は図1.12の通りである．この場合 $\Sigma(H_0, A_0)$ は有界でない．$H_0 = 0$ の場合は質点は放物線上を動き，$H_0 > 0$ の場合は双曲線上を動くことが証明できる．

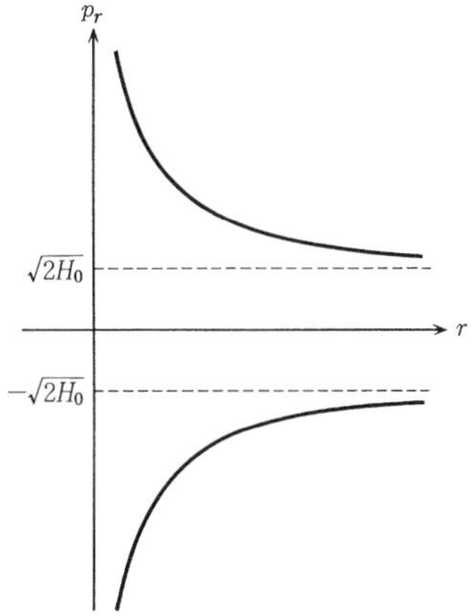

図 1.12 放物軌道および双曲軌道の場合の断面図

ここでは[場合 2]を考える．(1.20)は次のように書き換えられる．

$$\frac{A_0^2}{2m}\left(\frac{1}{r}-\frac{Gm^2M}{A_0^2}\right)^2+\frac{p_r^2}{2m}=\frac{G^2M^2m^3}{2A_0^2}+H_0. \qquad (1.21)$$

(1.21)は，$\left(\frac{1}{r},p_r\right)$ に対する方程式とみなすと，楕円の方程式である．したがって，

$$\lambda=\frac{A_0^2}{Gm^2M}, \quad e=\sqrt{1+2H_0\frac{A_0^2}{G^2M^2m^3}}$$

とおくと，$\varphi\in[0,2\pi)$ を用いて，

$$\begin{cases} \dfrac{1}{r}=\dfrac{1}{\lambda}(1+e\cos\varphi) \\ p_r=\dfrac{eA_0}{\lambda}\sin\varphi \end{cases} \qquad (1.22)$$

と表わせる．まず(1.22)の第 1 式を時間 t について微分し，(1.22)の第 2 式と $m\frac{dr}{dt}=p_r$ を用いると，

$$\dot{\varphi}=\frac{A_0}{mr^2} \qquad (1.23)$$

(ここで $\dot{r}=\dfrac{dr}{dt}$ と表わした．$\dot{\varphi}$ なども同様に時間についての微分を表わす.) 一方 $m\dfrac{d\theta}{dt}=\dfrac{p_\theta}{r}$ と $A_0=rp_\theta$ より $\dot{\theta}=\dfrac{A_0}{mr^2}$．よって，(1.23)より $\varphi-\theta$ は定数である．必要なら座標軸を回して $\varphi-\theta\equiv 0$ としてよい．これで積分曲線の形がわかった．すなわち，極座標で表示して

$$r=\frac{\lambda}{1+e\cos\theta} \tag{1.24}$$

である．(1.24)より，軌道上の点は

$$(x,y)=(r\cos\theta, r\sin\theta)=\left(\frac{\lambda\cos\theta}{1+e\cos\theta}, \frac{\lambda\sin\theta}{1+e\cos\theta}\right)$$

と表わせるから，

$$\frac{(1-e^2)^2}{\lambda^2}\left(x+\frac{\lambda e}{1-e^2}\right)^2+\frac{1-e^2}{\lambda^2}y^2=1.$$

つまり軌道は楕円である．$\mathbf{0}$ がこの楕円の焦点の1つであることの証明は読者に任せる．

ケプラーの第3法則を確かめよう．惑星の軌道の長軸の長さは r の最大値と最小値の和である．すなわち $-\dfrac{GmM}{H_0}$ である．惑星が太陽の周りを1回りするのにかかる時間(周期)を考えよう．これは角運動量のところで議論したことを思い出すと，軌道の作る楕円の内部の面積を A_0/m で割ったものに等しい．楕円の内部の面積は

$$\int_0^{2\pi}\frac{r^2}{2}\,d\theta=\frac{1}{2}\int_0^{2\pi}\left(\frac{\lambda}{1+e\cos\theta}\right)^2 d\theta=\frac{\pi\lambda^2}{(1-e^2)^{3/2}}=\frac{A_0GMm^{1/2}}{(-2H_0)^{3/2}}$$

であるから，周期は $\dfrac{\pi GMm^{3/2}}{(-2H_0)^{3/2}}$ である．これがケプラーの第3法則である．

ニュートンの運動方程式がケプラーの法則を説明する．このことが古典力学の輝ける出発点であった．

注意 1.19　この節では，太陽はいつも原点にあるとして考えた．つまり1体問題を考えた．2体問題，つまり地球の太陽に及ぼす力を考えても，重心を原点とする座標で考えることにより，同じ結論が得られる．例えば巻末の参考書1., 3., 6., 9. を見よ．

§1.4　変分原理

(a)　道の空間上での極大極小

この節では，ハミルトン方程式を道の空間の上の関数の最大最小問題とみる見方を述べる．まず，ポテンシャル $V(\boldsymbol{x})$ によるポテンシャル場の力を受けて動く質点を考える．質点の運動は写像(道) $\boldsymbol{x}\colon [0,1] \to \mathbb{R}^3$ で記述される．$\boldsymbol{x}\colon [0,1] \to \mathbb{R}^3$ が与えられると，$\dot{\boldsymbol{x}} = \dfrac{d\boldsymbol{x}}{dt}(t)$ とおくことで，写像 $(\boldsymbol{x}(t), \dot{\boldsymbol{x}}(t))\colon [0,1] \to \mathbb{R}^6$ が得られる．$\boldsymbol{x}\colon [0,1] \to \mathbb{R}^3$ に対するラグランジュの汎関数または**ラグランジアン**(Lagrangian)とは，この場合

$$\mathcal{L}(\boldsymbol{x}, \dot{\boldsymbol{x}}) = \int_0^1 \left(\frac{\|\dot{\boldsymbol{x}}(t)\|^2}{2} - V(\boldsymbol{x}(t)) \right) dt \tag{1.25}$$

で定義される．一方，この質点に対するニュートンの運動方程式は

$$\frac{d^2\boldsymbol{x}}{dt^2} = -\operatorname{grad} V \tag{1.26}$$

である(質量は 1 とした)．**変分原理**(variational principle)(**最小作用の原理**, principle of least action)とは，

　$\boldsymbol{x}\colon [0,1] \to \mathbb{R}^3$ が(1.26)をみたすことと，$\mathcal{L}(\boldsymbol{x}, \dot{\boldsymbol{x}})$ が $\boldsymbol{x}\colon [0,1] \to \mathbb{R}^3$ で極値をとることは同値である

と述べられる．これを正確に定式化しよう．それには，$\mathcal{L}(\boldsymbol{x}, \dot{\boldsymbol{x}})$ が $\boldsymbol{x}\colon [0,1] \to \mathbb{R}^3$ で極値をとる，というのがどういう意味か，はっきりさせる必要があるだろう．記号を準備する．

$$\Omega(\boldsymbol{x}_0, \boldsymbol{x}_1) = \{\boldsymbol{l}\colon [0,1] \to \mathbb{R}^3 \mid \boldsymbol{l}(0) = \boldsymbol{x}_0,\ \boldsymbol{l}(1) = \boldsymbol{x}_1\}$$

とおく．すなわち $\boldsymbol{x}(0) = \boldsymbol{x}_0$, $\boldsymbol{x}(1) = \boldsymbol{x}_1$ なる道 $\boldsymbol{x}\colon [0,1] \to \mathbb{R}^3$ 全体を $\Omega(\boldsymbol{x}_0, \boldsymbol{x}_1)$ と表わす．ただし $\boldsymbol{x}\colon [0,1] \to \mathbb{R}^3$ は無限回微分可能とする．

$\boldsymbol{x} \in \Omega(\boldsymbol{x}_0, \boldsymbol{x}_1)$ に $\mathcal{L}(\boldsymbol{x}, \dot{\boldsymbol{x}})$ を対応させることで，$\Omega(\boldsymbol{x}_0, \boldsymbol{x}_1)$ 上の関数が得られる．この関数が $\boldsymbol{x} \in \Omega(\boldsymbol{x}_0, \boldsymbol{x}_1)$ で極値をとるとはどういうことだろうか．

注意 1.20　$\Omega(\boldsymbol{x}_0, \boldsymbol{x}_1)$ のような無限次元空間の上の関数のことを，**汎関数**(functional)と呼ぶ．

関数 $\mathcal{L}$ の定義域 $\Omega(\boldsymbol{x}_0, \boldsymbol{x}_1)$ は無限次元の空間である．無限次元空間の上の解析学というと，少々恐ろしげに聞こえるであろう．そこでまず有限次元の場合を復習しよう．$f\colon \mathbb{R}^n \to \mathbb{R}$ なる関数を考える．1点 $\boldsymbol{x} \in \mathbb{R}^n$ での f の振舞いを調べるには微分を用いた．すなわち $\Delta\boldsymbol{x} \in \mathbb{R}^n$ に対して

$$f(\boldsymbol{x}+\Delta\boldsymbol{x}) \approx f(\boldsymbol{x})+\sum_i \frac{\partial f}{\partial x_i}(\boldsymbol{x}) \times \Delta x_i = f(\boldsymbol{x})+\Delta\boldsymbol{x}\cdot \mathrm{grad}\, f(\boldsymbol{x})$$

を考えた($\boldsymbol{V}\cdot\boldsymbol{W}$ は2つのベクトル $\boldsymbol{V}, \boldsymbol{W}$ の内積を表わす)．$\approx$ などと書くかわりに，正確に述べるには，合成関数の微分からただちにわかる式

$$\frac{d}{d\delta} f(\boldsymbol{x}+\delta\Delta\boldsymbol{x})\Big|_{\delta=0} = \Delta\boldsymbol{x}\cdot \mathrm{grad}\, f(\boldsymbol{x}) \qquad (1.27)$$

を用いる．f が $\boldsymbol{x}$ で極大または極小であるときは，δ に $f(\boldsymbol{x}+\delta\Delta\boldsymbol{x})$ を対応させる写像は，$\delta=0$ でそれぞれ極大または極小でなければならない．これから(1.27)より，$\Delta\boldsymbol{x}\cdot \mathrm{grad}\, f(\boldsymbol{x})=0$．これが任意の $\Delta\boldsymbol{x} \in \mathbb{R}^n$ に対して成り立つから，$\mathrm{grad}\, f(\boldsymbol{x})=\boldsymbol{0}$ である．

$\boldsymbol{x}$ で f が極値をとるということを $\mathrm{grad}\, f(\boldsymbol{x})=\boldsymbol{0}$ で定義する．

上で述べたことから f が $\boldsymbol{x}$ で極大または極小であれば，f は $\boldsymbol{x}$ で極値をとる．

さて以上の議論を無限次元空間 $\Omega(\boldsymbol{x}_0, \boldsymbol{x}_1)$ に対して適用しよう．$\boldsymbol{x}\colon [0,1] \to \mathbb{R}^3 \in \Omega(\boldsymbol{x}_0, \boldsymbol{x}_1)$ とする．この場合の $\Delta\boldsymbol{x}$ にあたるもの，すなわち $\boldsymbol{x}\colon [0,1] \to \mathbb{R}^3$ の(微小)変化は何であろうか．これは $\Delta\boldsymbol{x}\colon [0,1] \to \mathbb{R}^3$ なる写像で $\Delta\boldsymbol{x}(0) = \Delta\boldsymbol{x}(1)=\boldsymbol{0}$ なる条件をみたすものであろう(図1.13参照)．

そこで(1.27)のアナロジーは

$$「\frac{d}{d\delta}\mathcal{L}(\boldsymbol{x}+\delta\Delta\boldsymbol{x},\, \dot{\boldsymbol{x}}+\delta\Delta\dot{\boldsymbol{x}})\Big|_{\delta=0} = \Delta\boldsymbol{x}\cdot \mathrm{grad}\,\mathcal{L}」 \qquad (1.28)$$

なる式である．ただし，無限次元空間の上のベクトル場は定義していなかったから，$\mathrm{grad}\,\mathcal{L}$ という記号は定義していない．しかし(1.28)が何らかの意味で成り立つのであれば，次の定義は「$\mathrm{grad}\,\mathcal{L}=\boldsymbol{0}$」と同値であろう．

定義 1.21　$\mathcal{L}$ を $\Omega(\boldsymbol{x}_0, \boldsymbol{x}_1)$ 上の関数としたとき，$\boldsymbol{x}\colon [0,1] \to \mathbb{R}^3 \in \Omega(\boldsymbol{x}_0, \boldsymbol{x}_1)$ で $\mathcal{L}$ が**極値をとる**とは，任意の $\Delta\boldsymbol{x}\colon [0,1] \to \mathbb{R}^3$ なる無限回微分可能な写像

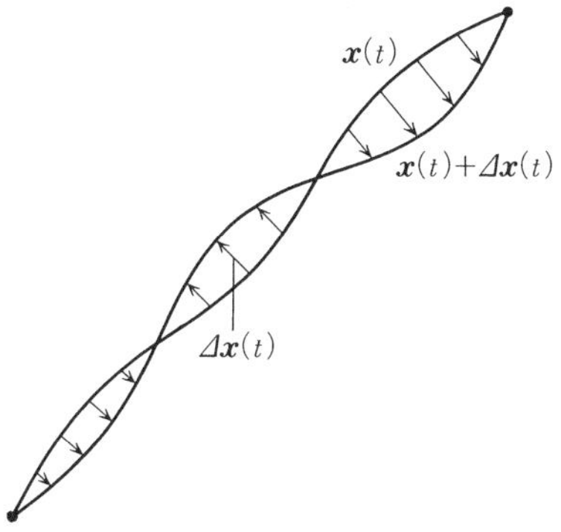

図 1.13　道の変分

で，$\Delta\boldsymbol{x}(0)=\Delta\boldsymbol{x}(1)=\boldsymbol{0}$ なる条件をみたすものに対して，δ に $\mathcal{L}(\boldsymbol{x}+\delta\Delta\boldsymbol{x})$ を対応させる関数が $\delta=0$ で微分可能で，次の式が成り立つことをいう．

$$\frac{d}{d\delta}\mathcal{L}(\boldsymbol{x}+\delta\Delta\boldsymbol{x})\Big|_{\delta=0}=0\,.$$

□

ここでは $\mathcal{L}(\boldsymbol{x},\dot{\boldsymbol{x}})$ のかわりに $\mathcal{L}(\boldsymbol{x})$ と書いた．定義 1.21 がまわりくどく見えるのは，無限次元空間 $\Omega(\boldsymbol{x}_0,\boldsymbol{x}_1)$ の上での関数の微分を直接考えることを避けて，1 変数関数(δ に $\mathcal{L}(\boldsymbol{x}+\delta\Delta\boldsymbol{x})$ を対応させる関数)の言葉で定義を述べているからである．

有限次元の場合と同じように，$\mathcal{L}$ が $\boldsymbol{x}$ で極大または極小ならば，$\mathcal{L}$ は $\boldsymbol{x}$ で極値をとる．すなわち

「補題」1.22　$\mathcal{L}$ を $\Omega(\boldsymbol{x}_0,\boldsymbol{x}_1)$ 上の関数とし，$\mathcal{L}$ は $\boldsymbol{x}\colon[0,1]\to\mathbb{R}^3\in\Omega(\boldsymbol{x}_0,\boldsymbol{x}_1)$ で極大または極小とする．すると $\boldsymbol{x}$ で $\mathcal{L}$ は極値をとっている．　□

$\boldsymbol{x}$ で $\mathcal{L}$ が極小(極大)であるというのは本当はまだ定義していなかった．もちろんこれは，

道 $\boldsymbol{y}\colon[0,1]\to\mathbb{R}^3\in\Omega(\boldsymbol{x}_0,\boldsymbol{x}_1)$ で「十分 $\boldsymbol{x}$ に近いもの」に対して，$\mathcal{L}(\boldsymbol{x})\leqq\mathcal{L}(\boldsymbol{y})$ が成り立つ

で定義されるべきである．しかしこのように定義するためには，2 つの道($\Omega(\boldsymbol{x}_0,\boldsymbol{x}_1)$ の元)が近いということを，きちっと定義しなければならない．これはここで必要な程度だけなら難しいことではないが，無限次元の空間で

2つの元の間の「近さ」を定義することは，実は様々な困難をともなう深い問題である．本書ではそれには触れないので，極大または極小という概念は直感的にだけ理解してほしい．それで「補題」1.22は証明しない．ただし次の問6は容易に証明できるであろう．

問6　$\mathcal{L}$ は $\boldsymbol{x}\colon [0,1]\to\mathbb{R}^3\in\Omega(\boldsymbol{x}_0,\boldsymbol{x}_1)$ で最小とする．すなわち任意の道 $\boldsymbol{y}\colon[0,1]\to\mathbb{R}^3$ に対して $\mathcal{L}(\boldsymbol{x})\leqq\mathcal{L}(\boldsymbol{y})$ とする．このとき $\mathcal{L}$ は $\boldsymbol{x}$ で極値をとっていることを証明せよ．

(b)　変分原理I

定理1.23　道 $\boldsymbol{x}\colon[0,1]\to\mathbb{R}^3\in\Omega(\boldsymbol{x}_0,\boldsymbol{x}_1)$ に対して，次の2つの条件は同値である．

(i)　$\boldsymbol{x}\colon[0,1]\to\mathbb{R}^3$ はニュートンの運動方程式(1.26)をみたす．

(ii)　$\boldsymbol{x}\colon[0,1]\to\mathbb{R}^3$ で式(1.25)のラグランジアン $\mathcal{L}(\boldsymbol{x},\dot{\boldsymbol{x}})$ は極値をとる．

［証明］　道 $\boldsymbol{x}\colon[0,1]\to\mathbb{R}^3$ を考える．$\Delta\boldsymbol{x}\colon[0,1]\to\mathbb{R}^3$ なる写像で $\Delta\boldsymbol{x}(0)=\Delta\boldsymbol{x}(1)=\boldsymbol{0}$ をみたすものを考え，$\boldsymbol{x}_\delta(t)=\boldsymbol{x}(t)+\delta\Delta\boldsymbol{x}(t)$ とおく．

$$\left.\frac{d}{d\delta}\mathcal{L}(\boldsymbol{x}_\delta,\dot{\boldsymbol{x}}_\delta)\right|_{\delta=0}$$

を計算しよう．

$$\frac{d}{d\delta}V(\boldsymbol{x}_\delta(t))=\operatorname{grad}V(\boldsymbol{x}_\delta(t))\cdot\frac{d\boldsymbol{x}_\delta}{dt}$$

などを用いると

$$\begin{aligned}\frac{d}{d\delta}\mathcal{L}(\boldsymbol{x}_\delta,\dot{\boldsymbol{x}}_\delta)&=\frac{d}{d\delta}\int_0^1\left(\frac{\|\dot{\boldsymbol{x}}_\delta(t)\|^2}{2}-V(\boldsymbol{x}_\delta(t))\right)dt\\&=\int_0^1\left(\frac{d}{d\delta}\frac{d\boldsymbol{x}_\delta}{dt}\cdot\frac{d\boldsymbol{x}_\delta}{dt}-\frac{d\boldsymbol{x}_\delta}{d\delta}\cdot\operatorname{grad}V(\boldsymbol{x}_\delta(t))\right)dt\\&=\int_0^1\left(\frac{d\Delta\boldsymbol{x}}{dt}\cdot\frac{d\boldsymbol{x}_\delta}{dt}-\Delta\boldsymbol{x}\cdot\operatorname{grad}V(\boldsymbol{x}_\delta(t))\right)dt.\end{aligned}\tag{1.29}$$

$\delta=0$ とおいて，(1.29)の右辺の第1項を部分積分すると($\Delta\boldsymbol{x}(0)=\Delta\boldsymbol{x}(1)=$

$\mathbf{0}$ に注意),

$$\frac{d}{d\delta}\mathcal{L}(\boldsymbol{x}_\delta, \dot{\boldsymbol{x}}_\delta)\Big|_{\delta=0} = \int_0^1 \left(\Delta\boldsymbol{x}(t)\cdot\left(-\frac{d^2}{dt^2}\boldsymbol{x}(t) - \operatorname{grad} V(\boldsymbol{x}(t))\right)\right)dt. \tag{1.30}$$

(1.30)が $\Delta\boldsymbol{x}(0)=\Delta\boldsymbol{x}(1)=\mathbf{0}$ をみたすどんな $\Delta\boldsymbol{x}\colon [0,1]\to\mathbb{R}^3$ に対しても0であるためには,(1.26)が必要十分条件である. ∎

(c) オイラー–ラグランジュ方程式

定理1.23では,(1.25)の形のラグランジアンに対して,その極値を与える $\boldsymbol{x}$ を表わす微分方程式を求めた.この項では,より一般の形のラグランジアンを考えよう.

$L(x_1,\cdots,x_n,y_1,\cdots,y_n)$ を $2n$ 個の変数 $x_1,\cdots,x_n,y_1,\cdots,y_n$ をもつ無限回微分可能関数とする.$\boldsymbol{x}_0,\boldsymbol{x}_1\in\mathbb{R}^n$ に対して,この2つの点を結ぶ道 $\boldsymbol{x}\colon[0,1]\to\mathbb{R}^n$ 全体を $\Omega(\boldsymbol{x}_0,\boldsymbol{x}_1)$ と表わす($\boldsymbol{x}\colon[0,1]\to\mathbb{R}^n$ は無限回微分可能と仮定する).$\boldsymbol{x}\in\Omega(\boldsymbol{x}_0,\boldsymbol{x}_1)$ に対して

$$\mathcal{L}(\boldsymbol{x},\dot{\boldsymbol{x}}) = \int_0^1 L\Big(x_1(t),\cdots,x_n(t),\frac{dx_1}{dt}(t),\cdots,\frac{dx_n}{dt}(t)\Big)dt \tag{1.31}$$

でラグランジアンを定義する.((1.31)の右辺は,以後 $\displaystyle\int_0^1 L(\boldsymbol{x}(t),\dot{\boldsymbol{x}}(t))dt$ と略記する.)

この(汎)関数 $\mathcal{L}\colon\Omega(\boldsymbol{x}_0,\boldsymbol{x}_1)\to\mathbb{R}$ の極値を与える $\boldsymbol{x}\in\Omega(\boldsymbol{x}_0,\boldsymbol{x}_1)$ を調べよう.そのために $\Delta\boldsymbol{x}\colon[0,1]\to\mathbb{R}^n$ なる写像で $\Delta\boldsymbol{x}(0)=\Delta\boldsymbol{x}(1)=\mathbf{0}$ をみたすものを考え,$\boldsymbol{x}_\delta(t)=\boldsymbol{x}(t)+\delta\Delta\boldsymbol{x}(t)$ とおき,$\displaystyle\frac{d}{d\delta}\mathcal{L}(\boldsymbol{x}_\delta,\dot{\boldsymbol{x}}_\delta)\Big|_{\delta=0}$ を計算しよう.

$$\begin{aligned}\frac{d}{d\delta}\mathcal{L}(\boldsymbol{x}_\delta,\dot{\boldsymbol{x}}_\delta) &= \frac{d}{d\delta}\int_0^1 L(\boldsymbol{x}_\delta,\dot{\boldsymbol{x}}_\delta)dt\\ &= \int_0^1\Big(\frac{d\boldsymbol{x}_\delta}{d\delta}(t)\cdot\Big(\frac{\partial L}{\partial x_1},\cdots,\frac{\partial L}{\partial x_n}\Big)(\boldsymbol{x}_\delta(t),\dot{\boldsymbol{x}}_\delta(t))\\ &\qquad + \frac{d\dot{\boldsymbol{x}}_\delta}{d\delta}(t)\cdot\left(\frac{\partial L}{\partial y_1},\cdots,\frac{\partial L}{\partial y_n}\right)(\boldsymbol{x}_\delta(t),\dot{\boldsymbol{x}}_\delta(t))\right)dt.\end{aligned} \tag{1.32}$$

以下では，$\left(\frac{\partial L}{\partial x_1}, \cdots, \frac{\partial L}{\partial x_n}\right)$ のことを $\frac{\partial L}{\partial \boldsymbol{x}}$，$\left(\frac{\partial L}{\partial y_1}, \cdots, \frac{\partial L}{\partial y_n}\right)$ のことを $\frac{\partial L}{\partial \dot{\boldsymbol{x}}}$ と書く．$\frac{d\boldsymbol{x}_\delta}{d\delta} = \Delta \boldsymbol{x}$，$\frac{d\dot{\boldsymbol{x}}_\delta}{d\delta} = \frac{d\Delta \boldsymbol{x}}{dt}$ ゆえ，(1.32)を部分積分して

$$\begin{aligned}\frac{d}{d\delta}\mathcal{L}(\boldsymbol{x}_\delta, \dot{\boldsymbol{x}}_\delta)\Big|_{\delta=0} &= \int_0^1 \left(\Delta \boldsymbol{x} \cdot \frac{\partial L}{\partial \boldsymbol{x}} + \frac{d\Delta \boldsymbol{x}}{dt} \cdot \frac{\partial L}{\partial \dot{\boldsymbol{x}}}\right) dt \\ &= \int_0^1 \left(\Delta \boldsymbol{x} \cdot \left(\frac{\partial L}{\partial \boldsymbol{x}} - \frac{d}{dt}\frac{\partial L}{\partial \dot{\boldsymbol{x}}}\right)\right) dt \end{aligned} \qquad (1.33)$$

が得られる．(1.33)より，定理1.23を一般化した次の定理が得られる．

定理 1.24　道 $\boldsymbol{x}\colon [0,1] \to \mathbb{R}^n \in \Omega(\boldsymbol{x}_0, \boldsymbol{x}_1)$ に対して次の2つの条件は同値である．

（i）$\boldsymbol{x}\colon [0,1] \to \mathbb{R}^n$ は次の方程式をみたす．

$$\frac{\partial L}{\partial \boldsymbol{x}} - \frac{d}{dt}\frac{\partial L}{\partial \dot{\boldsymbol{x}}} = 0. \qquad (1.34)$$

（ii）$\boldsymbol{x}\colon [0,1] \to \mathbb{R}^n$ で(1.31)のラグランジアン $\mathcal{L}(\boldsymbol{x}, \dot{\boldsymbol{x}})$ は極値をとる．□

方程式(1.34)のことを**オイラー–ラグランジュ方程式**(Euler-Lagrange equation)という．

変分法とは，写像の作る空間上の関数を考え，その極値を調べることをさす．多くの場合に，写像が極値を与えるという条件は，その写像に対する微分方程式になる．(1.34)はその典型である．

例題 1.25　ラグランジアン

$$L(x_1, x_2, y_1, y_2) = \frac{y_1^2 + y_2^2}{2} + x_1^2 x_2$$

に対するオイラー–ラグランジュ方程式を求めよ．

［解］$\frac{\partial L}{\partial x_1} = 2x_1x_2$，$\frac{\partial L}{\partial x_2} = x_1^2$，$\frac{\partial L}{\partial y_1} = y_1$，$\frac{\partial L}{\partial y_2} = y_2$．よって求める方程式は，

$$\frac{d^2 x_1}{dt^2} = 2x_1x_2, \qquad \frac{d^2 x_2}{dt^2} = x_1^2.$$

■

ラグランジアンを考えることの利点の1つは，変数変換に関する振舞いが

見やすいことである．この点には次の章で触れる．

(d)　変分原理 II

解析力学の大切な考え方の1つは，位置と運動量，すなわち $\boldsymbol{q}$ と $\boldsymbol{p}$ を同等に考えることである．$\boldsymbol{q}$ と $\boldsymbol{p}$ を座標とする $2n$ 次元の空間を**相空間**(phase space)と呼ぶ．(phase space は，数学の世界以外では，**位相空間**と訳されるが，位相空間という語は数学ではほかの意味をさすので，数学の世界では相空間が標準的な訳語である．) これに対して，位置 $\boldsymbol{q}$ を座標とする n 次元の空間を**配位空間**(configuration space)という．

$\boldsymbol{q}$ と $\boldsymbol{p}$ を独立に動かす変分原理を与えよう．この項ではハミルトニアンが時間に依存する場合も込めて考える．$2n$ 次元空間の中の道 $(\boldsymbol{q}(t),\boldsymbol{p}(t))$ に対して

$$\mathcal{H}(\boldsymbol{q},\boldsymbol{p})=\int_0^1(\boldsymbol{p}(t)\cdot\dot{\boldsymbol{q}}(t)-H(t,\boldsymbol{q}(t),\boldsymbol{p}(t)))dt \tag{1.35}$$

とおく．ここで H は $2n+1$ 変数の関数である．$(\boldsymbol{q}(t),\boldsymbol{p}(t))\in\Omega(\boldsymbol{q}_0,\boldsymbol{q}_1)$ を $\boldsymbol{q}(0)=\boldsymbol{q}_0$，$\boldsymbol{q}(1)=\boldsymbol{q}_1$ となるような道 $(\boldsymbol{q}(t),\boldsymbol{p}(t))$ の全体とする($\boldsymbol{p}(0),\boldsymbol{p}(1)$ に対しては条件を付けない)．

定義 1.26　$(\boldsymbol{q}(t),\boldsymbol{p}(t))\in\Omega(\boldsymbol{q}_0,\boldsymbol{q}_1)$ で $\mathcal{H}(\boldsymbol{q}(t),\boldsymbol{p}(t))$ が**極値をとる**とは，$\Delta\boldsymbol{q}(0)=\Delta\boldsymbol{q}(1)=\boldsymbol{0}$ なる任意の変分 $(\Delta\boldsymbol{q}(t),\Delta\boldsymbol{p}(t))$ に対して，次の式が成り立つことをいう．

$$\frac{d}{d\delta}\mathcal{H}(\boldsymbol{q}(t)+\delta\Delta\boldsymbol{q}(t),\ \boldsymbol{p}(t)+\delta\Delta\boldsymbol{p}(t))\Big|_{\delta=0}=0. \tag{1.36}$$

□

定理 1.27　$(\boldsymbol{q}(t),\boldsymbol{p}(t))\in\Omega(\boldsymbol{q}_0,\boldsymbol{q}_1)$ で $\mathcal{H}(\boldsymbol{q}(t),\boldsymbol{p}(t))$ が極値をとることと，$(\boldsymbol{q}(t),\boldsymbol{p}(t))$ がハミルトン方程式

$$\begin{cases}\dfrac{dq_i}{dt}=\dfrac{\partial H}{\partial p_i}\\[2mm]\dfrac{dp_i}{dt}=-\dfrac{\partial H}{\partial q_i}\end{cases} \tag{1.37}$$

の解であることは同値である．

［証明］ (1.36)を計算すると

$$\begin{aligned}
&\frac{d}{d\delta}\mathcal{H}(\boldsymbol{q}(t)+\delta\Delta\boldsymbol{q}(t),\,\boldsymbol{p}(t)+\delta\Delta\boldsymbol{p}(t))\Big|_{\delta=0}\\
&=\frac{d}{d\delta}\int_0^1((\boldsymbol{p}(t)+\delta\Delta\boldsymbol{p}(t))\cdot(\dot{\boldsymbol{q}}(t)+\delta\Delta\dot{\boldsymbol{q}}(t))\\
&\quad -H(t,\boldsymbol{q}(t)+\delta\Delta\boldsymbol{q}(t),\,\boldsymbol{p}(t)+\delta\Delta\boldsymbol{p}(t)))dt\Big|_{\delta=0}\\
&=\int_0^1\left(\dot{\boldsymbol{q}}(t)\cdot\Delta\boldsymbol{p}(t)+\boldsymbol{p}(t)\cdot\Delta\dot{\boldsymbol{q}}(t)-\Delta\boldsymbol{q}(t)\cdot\frac{\partial H}{\partial\boldsymbol{q}}-\Delta\boldsymbol{p}(t)\cdot\frac{\partial H}{\partial\boldsymbol{p}}\right)dt\\
&=\int_0^1\left(\left(\dot{\boldsymbol{q}}(t)-\frac{\partial H}{\partial\boldsymbol{p}}\right)\cdot\Delta\boldsymbol{p}(t)-\left(\dot{\boldsymbol{p}}(t)+\frac{\partial H}{\partial\boldsymbol{q}}\right)\cdot\Delta\boldsymbol{q}(t)\right)dt\,.
\end{aligned}\tag{1.38}$$

4行目から5行目に移るために，$\Delta\boldsymbol{q}(0)=\Delta\boldsymbol{q}(1)=\boldsymbol{0}$ を用いて部分積分した．(1.37)と，(1.38)がいつも0であることは，明らかに同値である． ■

定義1.26は，ほぼ，位置 $\boldsymbol{q}$ と運動量 $\boldsymbol{p}$ を同等に扱っている．しかし，変分問題を考える道の集合 $\Omega(\boldsymbol{q}_0,\boldsymbol{q}_1)$ は，位置 $\boldsymbol{q}$ についてだけ境界条件を与え，運動量 $\boldsymbol{p}$ については境界条件を与えていない．これは，後に正準変換を論ずるのに都合が悪いので，この点についても位置と運動量について対称な定理を述べておく．

$U\subseteqq\mathbb{R}^{2n}$ とし $\Omega(\boldsymbol{q}_0,\boldsymbol{q}_1,\boldsymbol{p}_0,\boldsymbol{p}_1;U)$ で $(\boldsymbol{q}(t),\boldsymbol{p}(t))\colon[0,1]\to U$ なる道で，$\boldsymbol{q}(0)=\boldsymbol{q}_0$，$\boldsymbol{q}(1)=\boldsymbol{q}_1$，$\boldsymbol{p}(0)=\boldsymbol{p}_0$，$\boldsymbol{p}(1)=\boldsymbol{p}_1$ なるものの全体を表わす．

定義1.28　$(\boldsymbol{q}(t),\boldsymbol{p}(t))\in\Omega(\boldsymbol{q}_0,\boldsymbol{q}_1,\boldsymbol{p}_0,\boldsymbol{p}_1;U)$ で $\mathcal{H}(\boldsymbol{q}(t),\boldsymbol{p}(t))$ が**極値をとる**とは，$(\Delta\boldsymbol{q}(0),\Delta\boldsymbol{p}(0))=(\Delta\boldsymbol{q}(1),\Delta\boldsymbol{p}(1))=\boldsymbol{0}$ である任意の $(\Delta\boldsymbol{q}(t),\Delta\boldsymbol{p}(t))$ に対して，次の式が成り立つことを指す．

$$\frac{d}{d\delta}\mathcal{H}(\boldsymbol{q}(t)+\delta\Delta\boldsymbol{q}(t),\,\boldsymbol{p}(t)+\delta\Delta\boldsymbol{p}(t))\Big|_{\delta=0}=0.$$ □

定理1.29　$(\boldsymbol{q}(t),\boldsymbol{p}(t))\in\Omega(\boldsymbol{q}_0,\boldsymbol{q}_1,\boldsymbol{p}_0,\boldsymbol{p}_1;U)$ で $\mathcal{H}(\boldsymbol{q}(t),\boldsymbol{p}(t))$ が極値をとることと，$(\boldsymbol{q}(t),\boldsymbol{p}(t))$ がハミルトン方程式

$$\begin{cases} \dfrac{dq_i}{dt} = \dfrac{\partial H}{\partial p_i} \\ \dfrac{dp_i}{dt} = -\dfrac{\partial H}{\partial q_i} \end{cases} \tag{1.39}$$

の解であることは同値である. □

定理1.29の証明は定理1.27の証明とまったく同じである.

注意1.30　定理1.29の方程式(1.39)では，1階の常微分方程式に対して，2点0,1で境界条件を与えた．これは与えすぎである．すなわち1階の常微分方程式は，1点で初期条件を与えれば解は存在し一意である(本シリーズ『力学と微分方程式』参照)．したがって $(\boldsymbol{q}(t), \boldsymbol{p}(t)) \in \Omega(\boldsymbol{q}_0, \boldsymbol{q}_1, \boldsymbol{p}_0, \boldsymbol{p}_1; U)$ の元で方程式(1.39)をみたすものが存在するとは限らない.

よって，$\mathcal{H}(\boldsymbol{q}(t), \boldsymbol{p}(t))$ を $\Omega(\boldsymbol{q}_0, \boldsymbol{q}_1, \boldsymbol{p}_0, \boldsymbol{p}_1; U)$ 上の関数とみなすと，極値が存在するとは限らない．その意味では，定理1.27のように考えた方が自然である．わざわざ定理1.29を述べたのは，位置と運動量に関して対称な定式化が§3.1で必要になるからである.

(e)　ハミルトニアンとラグランジアンの関係

(d)の変分原理と(c)の変分原理の関係を述べる．ラグランジアン $L(\boldsymbol{x}, \boldsymbol{y})$ から出発する．まず $q_i = x_i$ とおく．これと**正準共役な座標**(あるいは**一般運動量**) p_i とは $\dfrac{\partial L}{\partial y_i}$ を指す．次のことを仮定する.

仮定1.31　$(x_1, \cdots, x_n, y_1, \cdots, y_n)$ を $(q_1, \cdots, q_n, p_1, \cdots, p_n)$ に対応させる対応は可微分同相写像である. □

ここで $\mathbb{R}^{2n}$ の開集合 U から V への写像 Φ が可微分同相写像であるとは，Φ は微分可能であり，逆写像 $\Phi^{-1}\colon V \to U$ が存在し，Φ^{-1} が微分可能であることを指した.

仮定は局所的にみたされていればよい．すると逆写像定理により，仮定のみたされる条件は，$(x_1, \cdots, x_n, y_1, \cdots, y_n)$ を $(q_1, \cdots, q_n, p_1, \cdots, p_n)$ に対応させる写像のヤコビ行列が可逆なことである．このヤコビ行列は

$$\begin{pmatrix} I & * \\ 0 & \dfrac{\partial^2 L}{\partial y_i \partial y_j} \end{pmatrix}$$

なる $2n\times 2n$ 行列である.（$*$ の部分は必要ないので計算しなかった. I は単位行列を指す.）したがって，仮定1.31がみたされる必要十分条件は，次の仮定1.32である. 以後これを仮定する.

仮定 1.32

$$\det\left(\frac{\partial^2 L}{\partial y_i \partial y_j}\right) \neq 0 .$$

□

$(x_1, \cdots, x_n, y_1, \cdots, y_n)$ を $(q_1, \cdots, q_n, p_1, \cdots, p_n)$ に対応させる対応は，**ルジャンドル変換**(Legendre transformation)と呼ばれているものの典型例である.

例 1.33　式(1.25)では $L(\boldsymbol{x},\boldsymbol{y}) = \dfrac{m\|\boldsymbol{y}\|^2}{2} - V(\boldsymbol{x})$ であった((1.25)では質量 m を1とおいていた). したがって $\boldsymbol{p} = m\boldsymbol{y}$. □

次に $L(t,\boldsymbol{x},\boldsymbol{y})$ からハミルトニアン $H(t,\boldsymbol{q},\boldsymbol{p})$ を

$$H(t,\boldsymbol{q},\boldsymbol{p}) = \boldsymbol{p}(t)\cdot\boldsymbol{y}(t) - L(t,\boldsymbol{x}(t),\boldsymbol{y}(t)) \tag{1.40}$$

で定義する.（$q_i = x_i$, $p_i = \dfrac{\partial L}{\partial y_i}$ で $\boldsymbol{q},\boldsymbol{p}$ と $\boldsymbol{x},\boldsymbol{y}$ の関係を決めるのであった.）このとき

定理 1.34　$L(t,\boldsymbol{x},\boldsymbol{y})$ と $H(t,\boldsymbol{q},\boldsymbol{p})$ の関係が(1.40)で与えられるとき，(1.34)と(1.37)は同値である.

[証明]　$p_i = \dfrac{\partial L}{\partial y_i}$, $\dfrac{\partial x_j}{\partial p_i} = 0$ ゆえ

$$\frac{\partial H}{\partial p_i} = y_i + \sum_j p_j \frac{\partial y_j}{\partial p_i} - \frac{\partial L}{\partial p_i} = y_i + \sum_j \left(p_j \frac{\partial y_j}{\partial p_i} - \frac{\partial L}{\partial y_j}\frac{\partial y_j}{\partial p_i}\right) = y_i .$$

よって(1.37)の第1式は $\dfrac{dx_i}{dt} = y_i$ である.

この場合に(1.37)の第2式を $\boldsymbol{x}$ の方程式に書き直そう.

$$\frac{dp_i}{dt} = \frac{\partial^2 L}{\partial t \partial y_i},$$

$$-\frac{\partial H}{\partial q_i} = \sum_j \left(-p_j \frac{\partial y_j}{\partial q_i} + \frac{\partial L}{\partial x_j}\frac{\partial x_j}{\partial q_i} + \frac{\partial L}{\partial y_j}\frac{\partial y_j}{\partial q_i} \right) = \frac{\partial L}{\partial x_i}$$

よって得られる方程式は

$$\frac{\partial^2 L}{\partial t \partial y_i} - \frac{\partial L}{\partial x_i} = 0 .$$

これは，(1.34)である．以上より，(1.37)の解は(1.34)の解を与えることがわかった．以上の計算をそのまま逆にたどれば，(1.34)の解は(1.37)の解を与えることがわかる． ∎

注意 1.35 近年，場の量子論で仮定 1.32 をみたさないラグランジアンの重要性が増している．このような場合に対する扱いを，一般正準理論などと呼ぶ．巻末の参考書 10. など参照.

《まとめ》

1.1 勾配ベクトル場には周期解がない.

1.2 ハミルトン・ベクトル場ではエネルギー保存法則が成り立つ.

1.3 ニュートンの運動方程式はハミルトン方程式に書き換えることができる.

1.4 中心力場の運動では角運動量が保存される.

1.5 ポテンシャルで定まる力を受ける粒子の運動は，道の空間上の汎関数(ラグランジアン)の変分問題の極値で表わされる.

1.6 ハミルトン方程式の解は，相空間上の道の集合上の，ハミルトン汎関数の極値で与えられる.

演習問題

1.1 $f(x,y)$ を 2 変数関数とする．$0<\theta<\pi/2$ なる θ をとり，$\mathrm{grad}\, f$ を θ だけ回転して得られるベクトル場を $\boldsymbol{V}$ とおく．$\boldsymbol{V}$ には定常解以外の周期解はないことを示せ.

1.2 $f(x,y)=x^2-xy^2+y^2$ に対するハミルトン方程式(1.5)の解 $(x(t),y(t))$ を考える．初期条件 $(x(0),y(0))$ を次の(1),(2),(3)のように与えたとき，$(x(t), y(t))$ は，周期解，定常解，どちらでもないが有界，非有界，のどれにあたるか.

(1) $(x(0), y(0)) = (2, 1)$　　(2) $(x(0), y(0)) = (1, 0)$

(3) $(x(0), y(0)) = (0, 1/2)$

1.3　ハミルトニアン

$$H(q_1, q_2, p_1, p_2) = \frac{p_1^2 + p_2^2}{2} + e^{q_1^2 + q_2^2}$$

に対するハミルトン方程式(1.5)を考える.

(1) $G = q_1 p_2 - q_2 p_1$ は第1積分であることを示せ.

(2) $c > 0$ に対して $M_c = \{(q_1, q_2, p_1, p_2) \mid H(q_1, q_2, p_1, p_2) = c\}$ とおき,

$$\lambda(c) = \inf\{G(q_1, q_2, p_1, p_2) \mid (q_1, q_2, p_1, p_2) \in M_c\}$$
$$\mu(c) = \sup\{G(q_1, q_2, p_1, p_2) \mid (q_1, q_2, p_1, p_2) \in M_c\}$$
$$X_c = \{(q_1, q_2, p_1, p_2) \in M_c \mid G(q_1, q_2, p_1, p_2) = \lambda(c)\}$$
$$Y_c = \{(q_1, q_2, p_1, p_2) \in M_c \mid G(q_1, q_2, p_1, p_2) = \mu(c)\}$$

とする. X_c, Y_c は閉曲線であることを示せ.

(3) 任意の $c > 0$ に対して M_c 上に周期解があることを示せ.

1.4　2変数関数 $f(x, y)$ および道 $\boldsymbol{x}(t) = (x(t), y(t))\colon [0, 1] \to \mathbb{R}^2$ に対して, $L(\boldsymbol{x}, \dot{\boldsymbol{x}}) = x(t)\dfrac{dy}{dt} + f(x(t), y(t))$ とおく.

(1) オイラー–ラグランジュ方程式を求めよ.

(2) $f(x, y) \equiv 0$ の場合を考えると, 図のような曲線 $\boldsymbol{x}(t) = (x(t), y(t))$ に対して, $\mathcal{L}(\boldsymbol{x}, \dot{\boldsymbol{x}}) = \displaystyle\int_0^1 x(t)\frac{dy(t)}{dt}\,dt$ は図の濃い陰影の部分の面積から, 薄い陰影の部分の面積を引いたものであることを確かめよ.

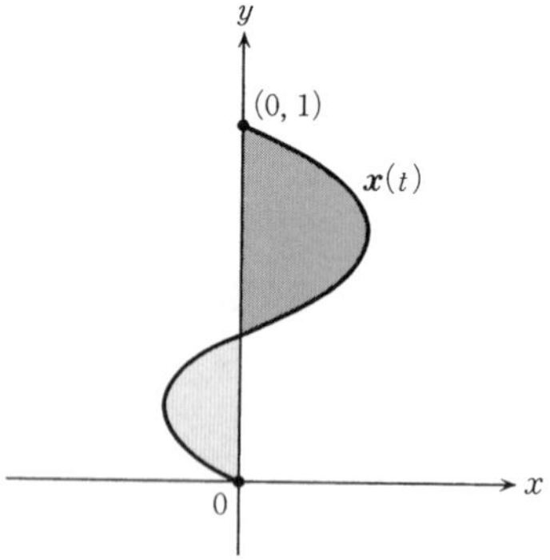

ラグランジアンの値の例示

(3) $f(x,y)$ は有界とし，$\mathcal{L}(\boldsymbol{x},\dot{\boldsymbol{x}})=\int_0^1\left(x(t)\dfrac{dy(t)}{dt}+f(x(t),y(t))\right)dt$ を，$\boldsymbol{x}(0)=(0,0)$，$\boldsymbol{x}(1)=(0,1)$ なる道全体 $\Omega((0,0),(0,1))$ 上の関数とみなしたとき，$\mathcal{L}(\boldsymbol{x},\dot{\boldsymbol{x}})$ には最大値も最小値も存在しないことを示せ．

1.5 $H=\dfrac{1}{2}\sum_{i=1}^{3}p_i^2+\sum_{i=1}^{3}e^{q_i-q_{i+1}}$ をハミルトニアンとするハミルトン方程式を考える．(q_4 は q_1 を表わすとする．)

(1) $a_i=\dfrac{1}{2}e^{(q_i-q_{i+1})/2}$，$b_i=\dfrac{1}{2}p_i$ とし，3×3 行列 L,B を，

$$L=\begin{pmatrix} b_1 & a_1 & a_3 \\ a_1 & b_2 & a_2 \\ a_3 & a_2 & b_3 \end{pmatrix},\quad B=\begin{pmatrix} 0 & -a_1 & a_3 \\ a_1 & 0 & -a_2 \\ -a_3 & a_2 & 0 \end{pmatrix}$$

で定める．$q_i(t),p_i(t)$ がハミルトン方程式をみたすことと，対応する $L(t)$，$B(t)$ が方程式，

$$\frac{dL(t)}{dt}=B(t)L(t)-L(t)B(t) \qquad (*)$$

をみたすことは同値であることを示せ．((*)をラックス(Lax)表示という．)

(2) $L(t),B(t)$ が(*)の解であるとする．$\boldsymbol{v}$ を $L(0)$ の固有値 λ に関する固有ベクトルとし，

$$\begin{cases} \dfrac{d}{dt}\boldsymbol{v}(t)=B(t)\boldsymbol{v}(t) \\ \boldsymbol{v}(0)=\boldsymbol{v} \end{cases}$$

なる $\boldsymbol{v}(t)$ を考える．$\boldsymbol{v}(t)$ は $L(t)$ の固有値 λ に関する固有ベクトルであることを示せ．

(3) $\det(T-L(t))=T^3+J_1(t)T^2+J_2(t)T+J_3(t)$ とおくとき，$\dfrac{dJ_i(t)}{dt}=0$ を示せ．

(4) 次の I_1,I_2,I_3 が第1積分であることを示せ．

$$\begin{aligned} I_1 &= p_1+p_2+p_3 \\ I_2 &= p_1p_2+p_2p_3+p_3p_1-(e^{q_2-q_3}+e^{q_3-q_1}+e^{q_1-q_2}) \\ I_3 &= p_1p_2p_3-(p_1e^{q_2-q_3}+p_2e^{q_3-q_1}+p_3e^{q_1-q_2}) \end{aligned}$$

2

ベクトル場と微分形式

ベクトル場について大事な事柄で，『電磁場とベクトル解析』の中で述べなかったことの1つは，座標変換である．ベクトル場を自励系の微分方程式と見る立場では，これは変数変換をして微分方程式を解くことにあたる．変数変換を幾何学的に考えると可微分同相写像による変換になる．そこでまず，可微分同相写像でベクトル場がどう変換されるかを述べる．さらに，第1章で述べたオイラー–ラグランジュ方程式の変数変換を説明する．

ベクトル場の微積分については『電磁場とベクトル解析』で論じた．そこでは回転，発散，勾配などが，ベクトル場の微積分の概念として適当であることを見た．これらは座標変換でどう振る舞うであろうか．

ところが後に計算してみせるように，回転，発散，勾配はベクトル場の座標変換とは相性が悪い．すなわち，変換した後のベクトル場の回転，発散，勾配を，元のベクトル場のそれで表わす式は，複雑で役に立たない．

この問題を解決し，微分と座標変換の関係がうまくいくように工夫されたものが，微分形式である．§2.2，§2.3では，微分形式についてその定義と計算法を述べ，ベクトル場の微積分についての定理，例えばストークスの定理を，微分形式の言葉で書き直す．

最後に，数学において対称性を扱うのに大切である無限小変換について述べ，それとベクトル場の関係を述べる．

§2.1　ベクトル場の座標変換

(a)　常微分方程式の変数変換

§1.1 の自励系の方程式を考えよう．

$$\frac{d\boldsymbol{x}}{dt} = \boldsymbol{V}(\boldsymbol{x}) \tag{2.1}$$

(2.1)を変数変換で解くとはどういうことであろうか．$y^1, \cdots, y^n$ を別の変数とし，これが $x^1, \cdots, x^n$ と $y^i = y^i(x^1, \cdots, x^n)$ で結びついていたとしよう．$y^i(t) = y^i(x^1(t), \cdots, x^n(t))$ とおくとき，方程式(2.1)は $y^i(t)$ のどのような方程式になるであろうか．(第1章では，$\boldsymbol{x} = (x_1, \cdots, x_n)$ のように座標の添字を下に付けたが，この章からは，$\boldsymbol{x} = (x^1, \cdots, x^n)$ のように上に付ける．理由は p.56 を見よ．)

これを見るには，$x^i(t)$ が(2.1)をみたすとし，$y^i(t)$ の t についての微分を，合成関数の微分法を用いて計算すればよい．すなわち

$$\begin{aligned} \frac{dy^i}{dt}(t) &= \sum_{j=1}^{n} \frac{\partial y^i}{\partial x^j}(x^1, \cdots, x^n) \frac{dx^j}{dt}(t) \\ &= \sum_{j=1}^{n} \frac{\partial y^i}{\partial x^j}(x^1, \cdots, x^n) V^j(x^1, \cdots, x^n). \end{aligned} \tag{2.2}$$

(2.2)は自励系で，これに対応するベクトル場の i 成分は(2.3)で与えられる．

$$\sum_{j=1}^{n} \frac{\partial y^i}{\partial x^j}(x^1, \cdots, x^n) V^j(x^1, \cdots, x^n). \tag{2.3}$$

例 2.1　$n = 2$ として極座標変換 $x = r\cos\theta$, $y = r\sin\theta$ を考えよう．この逆変換は $r = \sqrt{x^2 + y^2}$, $\theta = \arctan(y/x)$ である．微分方程式

$$\begin{cases} \dfrac{dx}{dt} = V^x(x, y) \\ \dfrac{dy}{dt} = V^y(x, y) \end{cases}$$

を極座標で考えると

$$
\begin{aligned}
\frac{dr}{dt} &= \frac{\partial r}{\partial x}V^x(r\cos t, r\sin t)+\frac{\partial r}{\partial y}V^y(r\cos t, r\sin t)\\
&= \cos\theta V^x(r\cos t, r\sin t)+\sin\theta V^y(r\cos t, r\sin t),\\
\frac{d\theta}{dt} &= \frac{\partial \theta}{\partial x}V^x(r\cos t, r\sin t)+\frac{\partial \theta}{\partial y}V^y(r\cos t, r\sin t)\\
&= -\frac{\sin\theta}{r}V^x(r\cos t, r\sin t)+\frac{\cos\theta}{r}V^y(r\cos t, r\sin t).
\end{aligned}
$$

□

問1　$\dfrac{d\boldsymbol{x}}{dt}=\|\boldsymbol{x}\|^4\boldsymbol{x}$ $(\boldsymbol{x}(t)=(x(t),y(t)))$ を極座標に変換して解け.

(b)　ベクトル場の座標変換

変数変換を数学として定式化するには，可微分同相写像なる概念を用いる．U, V を $\mathbb{R}^n$ の開集合とし，$\Phi\colon U\to V$ を可微分同相写像とする．すなわち，逆写像 $\Phi^{-1}\colon V\to U$ が存在し，微分可能とする．U の座標を $x^1,\cdots,x^n$，V の座標を $y^1,\cdots,y^n$ とする．$(y^1,\cdots,y^n)=\Phi(x^1,\cdots,x^n)$ とも $y^i=y^i(x^1,\cdots,x^n)$ とも書く．

$\boldsymbol{W}=(W^1,\cdots,W^n)$ を U 上のベクトル場としよう．これから(2.3)で定まる V 上のベクトル場を $\Phi_*\boldsymbol{W}$ と表わす．$\Phi_*\boldsymbol{W}$ は，Φ の $\boldsymbol{x}=(x^1,\cdots,x^n)$ でのヤコビ行列を $D\Phi_{\boldsymbol{x}}=\left(\dfrac{\partial y^i}{\partial x^j}\right)$ と書くと，次のようにも表わせる．

定義 2.2　$\Phi_*\boldsymbol{W}$ を，$\boldsymbol{y}\in V$ での値が，$D\Phi_{\Phi^{-1}(\boldsymbol{y})}\boldsymbol{W}(\Phi^{-1}(\boldsymbol{y}))$ であるようなベクトル場とする．(ここでは $\Phi_*\boldsymbol{W}, \boldsymbol{W}(\Phi^{-1}(\boldsymbol{y}))$ を縦ベクトルとみなした．$D\Phi_{\Phi^{-1}(\boldsymbol{y})}\boldsymbol{W}(\Phi^{-1}(\boldsymbol{y}))$ は $n\times n$ 行列と n 次縦ベクトルの積である．)　□

(a)で述べたことを言い換える:

補題 2.3　$\boldsymbol{l}(t)\colon (a,b)\to U$ をベクトル場 $\boldsymbol{W}$ の積分曲線とすると，$\Phi(\boldsymbol{l}(t))\colon (a,b)\to V$ はベクトル場 $\Phi_*\boldsymbol{W}$ の積分曲線である．

［証明］　合成関数の微分法により，$\boldsymbol{l}(t)=(l^1(t),\cdots,l^n(t))$ とおくと

$$\frac{d\Phi(\boldsymbol{l}(t))}{dt} = \sum_i \frac{\partial\Phi}{\partial x^i}(\boldsymbol{l}(t))\frac{dl^i}{dt}(t) = \sum_i \frac{\partial\Phi}{\partial x^i}(\boldsymbol{l}(t))W^i(\boldsymbol{l}(t)).$$

定義より，この右辺は $\Phi_*\boldsymbol{W}(\boldsymbol{l}(t))$ である． ∎

変数変換の性質をまとめておこう．これらはベクトル場の操作，すなわち和，スカラーとの積に関わるものである．証明は定義から明らかである．

補題 2.4 $\Phi\colon U \to V$, $\Psi\colon V \to W$ を可微分同相写像，$\boldsymbol{W}, \boldsymbol{X}$ を U 上のベクトル場，f を U 上の関数とすると

$$\Phi_*(\boldsymbol{W}+\boldsymbol{X}) = \Phi_*(\boldsymbol{W})+\Phi_*(\boldsymbol{X})$$

$$\Phi_*(f\boldsymbol{W})(\boldsymbol{y}) = f(\Phi^{-1}(\boldsymbol{y}))\Phi_*(\boldsymbol{W})(\boldsymbol{y})$$

$$(\Psi\Phi)_*(\boldsymbol{W}) = \Psi_*(\Phi_*(\boldsymbol{W}))$$

(c)　ベクトル場の記号

これまで，第 i 成分が W^i であるベクトル場 $\boldsymbol{W}$ を $\boldsymbol{W}=(W^1,\cdots,W^n)$ と表わしてきた．計算が見やすいような記号をここで導入する．$\boldsymbol{W}$ を開集合 U 上のベクトル場とし，U の座標を $x^1,\cdots,x^n$ とするとき

$$\boldsymbol{W} = W^1\frac{\partial}{\partial x^1}+\cdots+W^n\frac{\partial}{\partial x^n} = \sum_{i=1}^n W^i\frac{\partial}{\partial x^i} \tag{2.4}$$

と表わす．ここで，今のところ，$\frac{\partial}{\partial x^i}$ は x^i で微分するという意味ではなく，単なる記号であると思ってほしい(ただし§3.2(b)参照)．この記号の便利さは，こう書くとベクトル場の変数変換の式など多くの式が見やすいことである．

(2.4)でどれかの W^i が 0 であるときは，$W^i\frac{\partial}{\partial x^i}$ なる項は書かない．また W^i が 1 であるときは，その項は $1\frac{\partial}{\partial x^i}$ のかわりに単に $\frac{\partial}{\partial x^i}$ と書く．すなわち，例えば

$$\frac{\partial}{\partial x^2}-\frac{\partial}{\partial x^3}$$

と書いたら，

$$0\frac{\partial}{\partial x^1}+1\frac{\partial}{\partial x^2}+(-1)\frac{\partial}{\partial x^3}+0\frac{\partial}{\partial x^4}+\cdots+0\frac{\partial}{\partial x^n}$$

の意味である.

さてこの記号を用いて(b)の定義を見直してみよう. 定義2.2は

$$\boldsymbol{\Phi}_*\Big(\sum_{i=1}^n W^i\frac{\partial}{\partial x^i}\Big)=(\boldsymbol{\Phi}_*\boldsymbol{W})(\boldsymbol{y})=\sum_{i=1}^n\sum_{j=1}^n\frac{\partial y^j}{\partial x^i}(x^1,\cdots,x^n)W^j(x^1,\cdots,x^n)\frac{\partial}{\partial y^j}.$$

よって

$$\boldsymbol{\Phi}_*\Big(\frac{\partial}{\partial x^i}\Big)=\sum_{j=1}^n\frac{\partial y^j}{\partial x^i}\frac{\partial}{\partial y^j} \tag{2.5}$$

である. 補題2.4と(2.5)からベクトル場の座標変換は計算できる. (2.5)は「∂y^j が約分できる」と覚えればよい. (これは覚えるための便法で, ∂y^j は単独では意味のない式である.) (2.5)のような記号を使うときは, $\boldsymbol{\Phi}_*$ を省いてしまって, 単に

$$\frac{\partial}{\partial x^i}=\sum_{j=1}^n\frac{\partial y^j}{\partial x^i}\frac{\partial}{\partial y^j}$$

と書くことが多い. 点 $\boldsymbol{x}$ と $\boldsymbol{y}=\boldsymbol{\Phi}(\boldsymbol{x})$(あるいは U と V)を写像 $\boldsymbol{\Phi}$ で同一視して, 同じ空間に2種類の座標が入っているとみなしていることにあたる.

例2.5 極座標変換の場合をこの記号法で計算してみよう.

$$\begin{cases}\dfrac{\partial}{\partial r}=\dfrac{\partial x}{\partial r}\dfrac{\partial}{\partial x}+\dfrac{\partial y}{\partial r}\dfrac{\partial}{\partial y}=\cos\theta\dfrac{\partial}{\partial x}+\sin\theta\dfrac{\partial}{\partial y}\\ \qquad=\dfrac{x}{\sqrt{x^2+y^2}}\dfrac{\partial}{\partial x}+\dfrac{y}{\sqrt{x^2+y^2}}\dfrac{\partial}{\partial y},\\ \dfrac{\partial}{\partial\theta}=\dfrac{\partial x}{\partial\theta}\dfrac{\partial}{\partial x}+\dfrac{\partial y}{\partial\theta}\dfrac{\partial}{\partial y}=-\dfrac{\sin\theta}{r}\dfrac{\partial}{\partial x}+\dfrac{\cos\theta}{r}\dfrac{\partial}{\partial y}\\ \qquad=-\dfrac{y}{x^2+y^2}\dfrac{\partial}{\partial x}+\dfrac{x}{x^2+y^2}\dfrac{\partial}{\partial y}.\end{cases}$$

これを逆に解いて

$$\begin{cases} \dfrac{\partial}{\partial x} = \cos\theta\dfrac{\partial}{\partial r} - r\sin\theta\dfrac{\partial}{\partial\theta}, \\ \dfrac{\partial}{\partial y} = \sin\theta\dfrac{\partial}{\partial r} + r\cos\theta\dfrac{\partial}{\partial\theta}. \end{cases}$$

□

(d)　オイラー–ラグランジュ方程式の座標変換

$L(x^1, \cdots, x^n, \xi^1, \cdots, \xi^n)$ を $2n$ 変数の関数とし，オイラー–ラグランジュ方程式

$$\frac{d}{dt}\frac{\partial L}{\partial \xi^i}(x^1, \cdots, x^n, \dot{x}^1, \cdots, \dot{x}^n) - \frac{\partial L}{\partial x^i}(x^1, \cdots, x^n, \dot{x}^1, \cdots, \dot{x}^n) = 0 \quad (2.6)$$

を考えよう．ここで，$\boldsymbol{x} = \Phi(\boldsymbol{y})$ あるいは $x^i = x^i(y^1, \cdots, y^n)$ なる可微分同相写像で変数変換をしたとき，(2.6)は y^i に対するどんな方程式に変わるだろうか．これを見るには，$\boldsymbol{y}(t) = (y^1(t), \cdots, y^n(t))$ に対して，ラグランジュの汎関数

$$\mathcal{L}\Big(\Phi(\boldsymbol{y}(t)), \frac{d}{dt}\Phi(\boldsymbol{y}(t))\Big) = \int_0^1 L\Big(\Phi(\boldsymbol{y}(t)), \frac{d}{dt}\Phi(\boldsymbol{y}(t))\Big)dt \quad (2.7)$$

を計算すればよい．(2.7)は合成関数の微分法により

$$\begin{aligned} &L\Big(\Phi(\boldsymbol{y}(t)), \frac{d}{dt}\Phi(\boldsymbol{y}(t))\Big) \\ &\quad = L\left(x^1(y^1, \cdots, y^n), \cdots, x^n(y^1, \cdots, y^n), \sum_{i=1}^n \frac{\partial x^1}{\partial y^i}\dot{y}^i, \cdots, \sum_{i=1}^n \frac{\partial x^n}{\partial y^i}\dot{y}^i\right) \end{aligned}$$

である．そこで

$$\begin{aligned} &\widetilde{L}(y^1, \cdots, y^n, \zeta^1, \cdots, \zeta^n) \\ &\quad = L\left(x^1(y^1, \cdots, y^n), \cdots, x^n(y^1, \cdots, y^n), \sum_{i=1}^n \frac{\partial x^1}{\partial y^i}\zeta^i, \cdots, \sum_{i=1}^n \frac{\partial x^n}{\partial y^i}\zeta^i\right) \quad (2.8) \end{aligned}$$

と定める．すると，

$$L\Big(\Phi(\boldsymbol{y}(t)), \frac{d}{dt}\Phi(\boldsymbol{y}(t))\Big) = \widetilde{L}(y^1, \cdots, y^n, \dot{y}^1, \cdots, \dot{y}^n).$$

あるいは，簡略化して書けば，$L(\boldsymbol{x}(t), \dot{\boldsymbol{x}}(t)) = \widetilde{L}(\boldsymbol{y}(t), \dot{\boldsymbol{y}}(t))$ である．よって，

定理1.24より次の定理が導かれる．

定理2.6 L と $\widetilde{L}$ が式(2.8)で結びついているとき，$\boldsymbol{x}(t)=\Phi(\boldsymbol{y}(t))$ が方程式(2.6)をみたすことと，$\boldsymbol{y}(t)$ が次の方程式(2.9)をみたすことは同値である．

$$\frac{\partial\widetilde{L}}{\partial y^i}(y^1,\cdots,y^n,\dot{y}^1,\cdots,\dot{y}^n)-\frac{d}{dt}\frac{\partial\widetilde{L}}{\partial\zeta^i}(y^1,\cdots,y^n,\dot{y}^1,\cdots,\dot{y}^n)=0 \quad (2.9)$$ □

例2.7 図2.1のように，同じ3つのバネで壁につながれた2つの質点を考えよう．

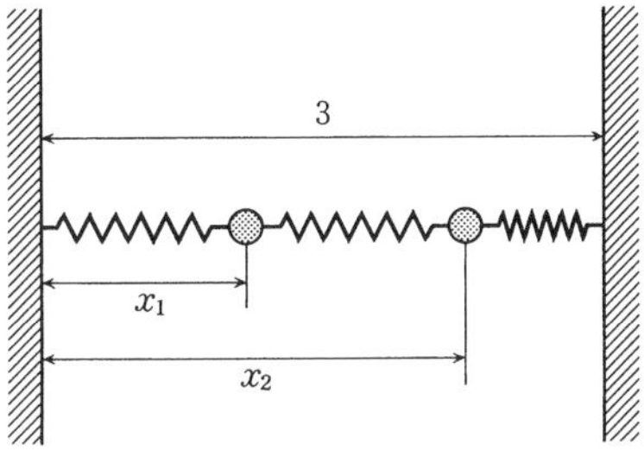

図2.1 3つのバネと2つの質点

それぞれのバネのもつエネルギーは，その長さが A のとき $(A-1)^2$ であるとしよう．このとき，2つの質点の位置を x_1, x_2 とすると，位置エネルギーは

$$(x_1-1)^2+(x_2-x_1-1)^2+(2-x_2)^2$$

である(この例では添字を下に書く)．簡単のため，質点の質量を1とすると，運動エネルギーは $\dfrac{\dot{x}_1^2+\dot{x}_2^2}{2}$ である．よってラグランジアンは

$$L(x_1,x_2,\dot{x}_1,\dot{x}_2)=\frac{\dot{x}_1^2+\dot{x}_2^2}{2}-(x_1-1)^2-(x_2-x_1-1)^2-(2-x_2)^2$$

である．この場合のオイラー–ラグランジュ方程式を解こう．まず，$x_1-1=q_1$，$x_2-2=q_2$ とおく．すると $\dot{x}_i=\dot{q}_i$ であるから，変換して得られるラグランジアンは

$$L(q_1,q_2,\dot{q}_1,\dot{q}_2) = \frac{\dot{q}_1^2+\dot{q}_2^2}{2} - q_1^2 - (q_2-q_1)^2 - q_2^2$$
$$= \frac{\dot{q}_1^2+\dot{q}_2^2}{2} - \frac{1}{2}(q_1+q_2)^2 - \frac{3}{2}(q_2-q_1)^2$$

である．次に，$y_1 = q_1+q_2$, $y_2 = q_1-q_2$ としよう．すると，$\dfrac{\dot{q}_1^2+\dot{q}_2^2}{2} = \dfrac{\dot{y}_1^2+\dot{y}_2^2}{4}$.
よってラグランジアンは

$$L(y_1,y_2,\dot{y}_1,\dot{y}_2) = \frac{\dot{y}_1^2+\dot{y}_2^2}{4} - \frac{1}{2}y_1^2 - \frac{3}{2}y_2^2$$

になる．この座標でオイラー–ラグランジュ方程式を書き下すと

$$\begin{cases} y_1 + \dfrac{1}{2}\dfrac{d^2y_1}{dt^2} = 0, \\ 3y_2 + \dfrac{1}{2}\dfrac{d^2y_2}{dt^2} = 0\,. \end{cases}$$

よって，解は次の式で与えられる．

$$\begin{cases} y_1(t) = C_1\cos\sqrt{2}\,t + C_2\sin\sqrt{2}\,t, \\ y_2(t) = C_3\cos\sqrt{6}\,t + C_4\sin\sqrt{6}\,t\,. \end{cases}$$

□

例題 2.8　中心力場の運動のラグランジアンは

$$L(x,y,\dot{x},\dot{y}) = \frac{\dot{x}^2+\dot{y}^2}{2} - K\left(\sqrt{x^2+y^2}\right)$$

であった．これを極座標に変換せよ．

［解］　$x = r\cos\theta$, $y = r\sin\theta$ ゆえ，

$$\dot{x} = \dot{r}\cos\theta - (r\sin\theta)\dot{\theta}, \quad \dot{y} = \dot{r}\sin\theta + (r\cos\theta)\dot{\theta}.$$

よって

$$\frac{\dot{x}^2+\dot{y}^2}{2} - K\left(\sqrt{x^2+y^2}\right) = \frac{\dot{r}^2+r^2\dot{\theta}^2}{2} - K(r)\,.$$

■

(e)　ベクトル場の微分と座標変換

ベクトル場の微分が座標変換でどう振る舞うか計算してみよう．$\boldsymbol{W} =$

$W^u\dfrac{\partial}{\partial u}+W^v\dfrac{\partial}{\partial v}$ を $\mathbb{R}^2$ の開集合 U 上のベクトル場とし，$\varPhi\colon U\to V$ を可微分同相写像としよう．ベクトル場の微分としては，例えば発散を学んだ．これははたして座標変換不変であろうか？　つまり

$$\mathrm{div}\ \boldsymbol{W}(u,v)=\mathrm{div}\,(\varPhi_*\boldsymbol{W})(\varPhi(u,v)) \tag{?}$$

は成立するだろうか．計算してみると

$$\begin{aligned}
&\mathrm{div}\,(\varPhi_*\boldsymbol{W})(\varPhi(u,v))\\
&\quad=\frac{\partial}{\partial x}\Big(\frac{\partial x}{\partial u}W^u+\frac{\partial x}{\partial v}W^v\Big)+\frac{\partial}{\partial y}\Big(\frac{\partial y}{\partial u}W^u+\frac{\partial y}{\partial v}W^v\Big)\\
&\quad=\frac{\partial x}{\partial u}\frac{\partial W^u}{\partial x}+\frac{\partial x}{\partial v}\frac{\partial W^v}{\partial x}+\frac{\partial y}{\partial u}\frac{\partial W^u}{\partial y}+\frac{\partial y}{\partial v}\frac{\partial W^v}{\partial y}\\
&\qquad+\frac{\partial^2 x}{\partial x\partial u}W^u+\frac{\partial^2 x}{\partial x\partial v}W^v+\frac{\partial^2 y}{\partial y\partial u}W^u+\frac{\partial^2 y}{\partial y\partial v}W^v\\
&\quad=\mathrm{div}\ \boldsymbol{W}+\left(\frac{\partial^2 x}{\partial x\partial u}+\frac{\partial^2 y}{\partial y\partial u}\right)W^u+\left(\frac{\partial^2 x}{\partial x\partial v}+\frac{\partial^2 y}{\partial y\partial v}\right)W^v
\end{aligned} \tag{2.10}$$

となって，なんだか汚らしい項が終わりについてしまった．この項を例えば極座標変換 $(x,y)=(r\cos\theta,r\sin\theta)$ の場合に計算してみると

$$\begin{aligned}
\frac{\partial^2 x}{\partial x\partial r}+\frac{\partial^2 y}{\partial y\partial r}&=\frac{\partial}{\partial x}\cos\theta+\frac{\partial}{\partial y}\sin\theta\\
&=\frac{\partial}{\partial x}\frac{x}{\sqrt{x^2+y^2}}+\frac{\partial}{\partial y}\frac{y}{\sqrt{x^2+y^2}}=\frac{1}{\sqrt{x^2+y^2}}
\end{aligned}$$

だから，確かに 0 ではない．すなわち(?)は成立しない．

問 2　勾配 grad もやはり座標変換で不変ではない.「勾配が座標不変である」という命題を式で書き表わし，それが成り立たないことを確かめよ．

それでは座標変換不変な微分の概念を作るにはどうしたらよいであろうか．その答が次の節で述べる微分形式である．

§2.2　微分形式

この節では，微分形式について述べる．微分形式を数学的に厳密かつエレガントに構成するには，グラスマン(Grassmann)代数あるいは交代形式の議論が用いられるが，ここでは説明しない．『電磁場とベクトル解析』巻末にあげた文献を参照してほしい．この本では代数的な構成には深入りせず，計算規則を理解し，微分形式の計算に慣れることを目標にする．

(a)　3次元空間の中の微分形式

この項では，3次元ユークリッド空間 $\mathbb{R}^3$ の中の微分形式を考える．$\mathbb{R}^3$ の座標を x,y,z とする．

定義 2.9　U を $\mathbb{R}^3$ の中の領域とする．U 上の**微分 0 形式**とは U 上の関数のことを指す．U 上の**微分 1 形式**とは

$$f_1(x,y,z)dx+f_2(x,y,z)dy+f_3(x,y,z)dz$$

なる形式的な和を指す．ただし f_1,f_2,f_3 は U 上の関数である．U 上の**微分 2 形式**とは

$$f_{12}(x,y,z)dx\wedge dy+f_{23}(x,y,z)dy\wedge dz+f_{13}(x,y,z)dx\wedge dz$$

なる形式的な和を指す．ただし f_{12},f_{23},f_{13} は U 上の関数である．U 上の**微分 3 形式**とは

$$f(x,y,z)dx\wedge dy\wedge dz$$

なる形式的な式を指す．ただし f は U 上の関数である．　□

微分 0,1,2,3 形式のことを単に**微分形式**(differential form)という．

定義 2.9 で，dx や $dx\wedge dy$，$dx\wedge dy\wedge dz$ などは単なる記号である．

$0dx+f_2dy+f_3dz$ などのように，どれか係数が 0 の項があったらこの項は省略する．また，例えば，$1dx\wedge dy\wedge dz$ のように，係数が 1 のときはこの係数 1 は書かない．すなわち，例えば，$dx\wedge dz$ は $0dx\wedge dy+0dy\wedge dz+1dx\wedge dz$ のことを指す．

u が微分 k 形式のとき，k を u の**次数**(degree)と呼ぶ．

微分形式の間の和，微分形式と関数の積は普通に計算する．つまり

$$
\begin{aligned}
&(f_1dx+f_2dy+f_3dz)+(g_1dx+g_2dy+g_3dz)\\
&\quad=(f_1+g_1)dx+(f_2+g_2)dy+(f_3+g_3)dz,\\
&g(f_{12}dx\wedge dy+f_{23}dy\wedge dz+f_{13}dx\wedge dz)\\
&\quad=(gf_{12})dx\wedge dy+(gf_{23})dy\wedge dz+(gf_{13})dx\wedge dz
\end{aligned}
$$

である.（他の場合も同様であるので書かない.）微分1形式と微分2形式など，次数の異なる微分形式の間の和は定義しない.

次に微分形式の間の積 $\wedge$ を考える（$\wedge$ はウェッジと読む）．これは次の計算規則で定まる.

計算規則 2.10

(i)
$$dx\wedge dx=dy\wedge dy=dz\wedge dz=0.$$

(ii)
$$
\begin{aligned}
dx\wedge dy&=-dy\wedge dx,\\
dy\wedge dz&=-dz\wedge dy,\\
dx\wedge dz&=-dz\wedge dx.
\end{aligned}
$$

(iii)　積 $\wedge$ は分配法則をみたす．つまり
$$
\begin{aligned}
u\wedge(v+w)&=u\wedge v+u\wedge w,\\
(v+w)\wedge u&=v\wedge u+w\wedge u
\end{aligned}
$$
が任意の微分形式 u,v,w に対して成立する.（ただし v,w の次数は等しいとする.）

(iv)　積 $\wedge$ は結合法則をみたす．つまり
$$u\wedge(v\wedge w)=(u\wedge v)\wedge w.$$

(v)　微分形式 u,v と関数 f に対して
$$(fu)\wedge v=u\wedge(fv)=f(u\wedge v).$$
□

以上の規則があると微分形式の間の積を計算できる.

例題 2.11　$u=xdy+(xy+1)dz$, $v=100dx\wedge dy$ のとき $u\wedge v$ を計算せよ.

[解]

$$
\begin{aligned}
u\wedge v&=(xdy+(xy+1)dz)\wedge(100dx\wedge dy)\\
&=(xdy)\wedge(100dx\wedge dy)+((xy+1)dz)\wedge(100dx\wedge dy)\\
&=100xdy\wedge(dx\wedge dy)+100(xy+1)dz\wedge(dx\wedge dy)
\end{aligned}
$$

$$
\begin{aligned}
&= -100x dy \wedge (dy \wedge dx) + 100(xy+1)(dz \wedge dx) \wedge dy \\
&= -100x(dy \wedge dy) \wedge dx - 100(xy+1)(dx \wedge dz) \wedge dy \\
&= -100(xy+1) dx \wedge (dz \wedge dy) \\
&= 100(xy+1) dx \wedge (dy \wedge dz) \\
&= 100(xy+1) dx \wedge dy \wedge dz\,.
\end{aligned}
$$
■

微分形式の計算は，同じもの(dx と dx など)を掛けると0になることと順番をひっくり返すと符号が変わる，という2つの違いを除けば，あとは普通の文字式の計算と同じである．

(b)　3次元空間の中の微分形式の外微分

微分形式の微分すなわち外微分を定義しよう．

定義 2.12　U 上の関数 f (すなわち微分0形式)に対してその**外微分** (exterior differentiation)を

$$
df = \frac{\partial f}{\partial x}dx + \frac{\partial f}{\partial y}dy + \frac{\partial f}{\partial z}dz \tag{2.11}
$$

で定義する．U 上の微分 $1,2,3$ 形式に対しては，(2.11)を用いて外微分を次の式で定義する．(微分 k 形式の外微分は微分 $k+1$ 形式である．)

$$
d(f_1 dx + f_2 dy + f_3 dz) = df_1 \wedge dx + df_2 \wedge dy + df_3 \wedge dz, \tag{2.12}
$$

$$
\begin{aligned}
&d(f_{12} dx \wedge dy + f_{23} dy \wedge dz + f_{13} dx \wedge dz) \\
&\quad = df_{12} \wedge dx \wedge dy + df_{23} \wedge dy \wedge dz + df_{13} \wedge dx \wedge dz,
\end{aligned} \tag{2.13}
$$

$$
d(f dx \wedge dy \wedge dz) = 0\,. \tag{2.14}
$$
□

(2.12)を計算すると次のようになる．

$$
\begin{aligned}
d(f_1 dx + f_2 dy + f_3 dz) &= df_1 \wedge dx + df_2 \wedge dy + df_3 \wedge dz \\
&= \left(\frac{\partial f_1}{\partial x}dx + \frac{\partial f_1}{\partial y}dy + \frac{\partial f_1}{\partial z}dz\right) \wedge dx
\end{aligned}
$$

$$+\left(\frac{\partial f_2}{\partial x}dx+\frac{\partial f_2}{\partial y}dy+\frac{\partial f_2}{\partial z}dz\right)\wedge dy$$
$$+\left(\frac{\partial f_3}{\partial x}dx+\frac{\partial f_3}{\partial y}dy+\frac{\partial f_3}{\partial z}dz\right)\wedge dz$$
$$=\left(-\frac{\partial f_1}{\partial y}+\frac{\partial f_2}{\partial x}\right)dx\wedge dy+\left(-\frac{\partial f_2}{\partial z}+\frac{\partial f_3}{\partial y}\right)dy\wedge dz$$
$$+\left(-\frac{\partial f_3}{\partial x}+\frac{\partial f_1}{\partial z}\right)dz\wedge dx \qquad (2.15)$$

問3　(2.13)に対して上と同様な計算をせよ.

(c)　一般次元の空間の中の微分形式

微分形式の計算規則をさらに述べる前に，一般の次元に微分形式を拡張しておこう. n 次元(ユークリッド)空間 $\mathbb{R}^n$ を考え，その座標を $x^1,\cdots,x^n$ とする.

定義 2.13　$\mathbb{R}^n$ の開集合 U の上の**微分 k 形式**とは

$$\sum_{1\leqq i_1<\cdots<i_k\leqq n} f_{i_1\cdots i_k}dx^{i_1}\wedge\cdots\wedge dx^{i_k}$$

なる形式的な和を指す. ここで $f_{i_1\cdots i_k}$ は U 上の関数で，総和は $1\leqq i_1<\cdots<i_k\leqq n$ なる k 個の数の組 $i_1,\cdots,i_k$ 全体でとる.　□

この定義が，$n=3$ のとき定義 2.9 と一致することは明らかであろう. 計算規則 2.10 も次のように一般化される.

計算規則 2.14

(i)　$$dx^i\wedge dx^i=0.$$

(ii)　$$dx^i\wedge dx^j=-dx^j\wedge dx^i.$$

(iii), (iv), (v)は，計算規則 2.10 と同じである.　□

この計算規則で，一般の次元の場合の微分形式の間のウェッジ積が計算できる.

補題 2.15　微分 k 形式 u と微分 l 形式 v に対して

$$u \wedge v = (-1)^{kl} v \wedge u\,.$$

［証明］　計算規則 2.14 の(i), (ii), (v)より $u = dx^{i_1} \wedge \cdots \wedge dx^{i_k}$, $v = dx^{j_1} \wedge \cdots \wedge dx^{j_l}$, $1 \leqq i_1 < \cdots < i_k \leqq n$, $1 \leqq j_1 < \cdots < j_l \leqq n$ の場合に計算すればよい．

このとき $i_a = j_b$ なる a, b があれば，(i), (ii), (iv)を使って，$u \wedge v = 0 = v \wedge u$.

そのような a, b がなければ，(ii)より

$$\begin{aligned}
&(dx^{i_1} \wedge \cdots \wedge dx^{i_k}) \wedge (dx^{j_1} \wedge \cdots \wedge dx^{j_l}) \\
&\quad = dx^{i_1} \wedge \cdots \wedge dx^{i_k} \wedge dx^{j_1} \wedge \cdots \wedge dx^{j_l} \\
&\quad = -dx^{i_1} \wedge \cdots \wedge dx^{i_{k-1}} \wedge dx^{j_1} \wedge dx^{i_k} \wedge dx^{j_2} \wedge \cdots \wedge dx^{j_l} \\
&\quad = \cdots\cdots \\
&\quad = (-1)^k dx^{j_1} \wedge dx^{i_1} \wedge \cdots \wedge dx^{i_{k-1}} \wedge dx^{i_k} \wedge dx^{j_2} \wedge \cdots \wedge dx^{j_l} \\
&\quad = (-1)^{2k} dx^{j_1} \wedge dx^{j_2} \wedge dx^{i_1} \wedge \cdots \wedge dx^{i_{k-1}} \wedge dx^{i_k} \wedge dx^{j_3} \wedge \cdots \wedge dx^{j_l} \\
&\quad = \cdots\cdots \\
&\quad = (-1)^{kl} dx^{j_1} \wedge \cdots \wedge dx^{j_l} \wedge dx^{i_1} \wedge \cdots \wedge dx^{i_k}\,.
\end{aligned}$$

■

次に**外微分**を定義する．

定義 2.16

$$df = \sum_i \frac{\partial f}{\partial x^i} dx^i,$$

$$\begin{aligned}
&d\left(\sum_{1 \leqq i_1 < \cdots < i_k \leqq n} f^{i_1 \cdots i_k} dx^{i_1} \wedge \cdots \wedge dx^{i_k}\right) \\
&\quad = \sum_{1 \leqq i_1 < \cdots < i_k \leqq n} df^{i_1 \cdots i_k} \wedge dx^{i_1} \wedge \cdots \wedge dx^{i_k}\,.
\end{aligned}$$

□

補題 2.17　微分 k 形式 u と微分 l 形式 v に対して

$$d(u \wedge v) = du \wedge v + (-1)^k u \wedge dv\,.$$

［証明］　$d(u_1 + u_2) = du_1 + du_2$ が成り立つから，(iii)より $u = f dx^{i_1} \wedge \cdots \wedge dx^{i_k}$, $v = g dx^{j_1} \wedge \cdots \wedge dx^{j_l}$ の場合に証明すればよい．そのとき $i_a = j_b$ なる a, b があれば，$d(u \wedge v) = 0 = du \wedge v + (-1)^k u \wedge dv$ である．もしそのような a, b がなければ

$$d(u\wedge v) = d(fgdx^{i_1}\wedge\cdots\wedge dx^{i_k}\wedge dx^{j_1}\wedge\cdots\wedge dx^{j_l})$$
$$= \sum_i \frac{\partial(fg)}{\partial x^i}dx^i\wedge dx^{i_1}\wedge\cdots\wedge dx^{i_k}\wedge dx^{j_1}\wedge\cdots\wedge dx^{j_l}$$
$$= \sum_i \left(f\frac{\partial g}{\partial x^i}+g\frac{\partial f}{\partial x^i}\right)dx^i\wedge dx^{i_1}\wedge\cdots\wedge dx^{i_k}\wedge dx^{j_1}\wedge\cdots\wedge dx^{j_l}.$$

一方

$$du\wedge v = d(fdx^{i_1}\wedge\cdots\wedge dx^{i_k})\wedge(gdx^{j_1}\wedge\cdots\wedge dx^{j_l})$$
$$= \left(\sum_i \frac{\partial f}{\partial x^i}dx^i\wedge dx^{i_1}\wedge\cdots\wedge dx^{i_k}\right)\wedge(gdx^{j_1}\wedge\cdots\wedge dx^{j_l})$$
$$= \sum_i \frac{\partial f}{\partial x^i}g\,dx^i\wedge dx^{i_1}\wedge\cdots\wedge dx^{i_k}\wedge dx^{j_1}\wedge\cdots\wedge dx^{j_l},$$
$$u\wedge dv = fdx^{i_1}\wedge\cdots\wedge dx^{i_k}\wedge d(gdx^{j_1}\wedge\cdots\wedge dx^{j_l})$$
$$= fdx^{i_1}\wedge\cdots\wedge dx^{i_k}\wedge\left(\sum_i \frac{\partial g}{\partial x^i}dx^i\wedge dx^{j_1}\wedge\cdots\wedge dx^{j_l}\right)$$
$$= \sum_i f\frac{\partial g}{\partial x^i}dx^{i_1}\wedge\cdots\wedge dx^{i_k}\wedge dx^i\wedge dx^{j_1}\wedge\cdots\wedge dx^{j_l}$$
$$= (-1)^k\sum_i f\frac{\partial g}{\partial x^i}dx^i\wedge dx^{i_1}\wedge\cdots\wedge dx^{i_k}\wedge dx^{j_1}\wedge\cdots\wedge dx^{j_l}.$$

この3つの式を見比べて，$d(u\wedge v)=du\wedge v+(-1)^k u\wedge dv$ がわかる． ∎

問4 $w=dx^1\wedge dx^2+\cdots+dx^{2n-1}\wedge dx^{2n}$ とする．w^n を計算せよ．

補題 2.18 任意の微分形式 u に対して
$$d(du)=0.$$

［証明］ まず関数 f に対しては

$$ddf = d\left(\sum_i \frac{\partial f}{\partial x^i}dx^i\right) = \sum_i d\left(\frac{\partial f}{\partial x^i}dx^i\right) = \sum_i d\left(\frac{\partial f}{\partial x^i}\right)\wedge dx^i$$
$$= \sum_{i,j}\frac{\partial^2 f}{\partial x^j\partial x^i}dx^j\wedge dx^i = \sum_{i<j}\left(\frac{\partial^2 f}{\partial x^j\partial x^i}-\frac{\partial^2 f}{\partial x^i\partial x^j}\right)dx^j\wedge dx^i = 0.$$

一般の場合はこれと補題 2.17 を用いて

$$
\begin{aligned}
&dd\left(\sum_{1\leqq i_1<\cdots<i_k\leqq n} f_{i_1\cdots i_k}dx^{i_1}\wedge\cdots\wedge dx^{i_k}\right)\\
&=d\left(\sum_{1\leqq i_1<\cdots<i_k\leqq n} df_{i_1\cdots i_k}\wedge(dx^{i_1}\wedge\cdots\wedge dx^{i_k})\right)\\
&=\sum_{1\leqq i_1<\cdots<i_k\leqq n} d(df_{i_1\cdots i_k}\wedge(dx^{i_1}\wedge\cdots\wedge dx^{i_k}))\\
&=\sum_{1\leqq i_1<\cdots<i_k\leqq n} (ddf_{i_1\cdots i_k}\wedge dx^{i_1}\wedge\cdots\wedge dx^{i_k}-df_{i_1\cdots i_k}\wedge d(dx^{i_1}\wedge\cdots\wedge dx^{i_k}))\\
&=0.
\end{aligned}
$$
∎

補題 2.19　$u_j=\sum_{i=1}^{n}u_{ji}dx^i$ $(j=1,\cdots,n)$ を $U\subseteqq\mathbb{R}^n$ 上の微分１形式とする．このとき

$$
u_1\wedge\cdots\wedge u_n=\det\begin{pmatrix} u_{11} & \cdots & u_{i1} & \cdots & u_{n1}\\ \vdots & \ddots & \vdots & \iddots & \vdots\\ u_{1j} & \cdots & u_{ij} & \cdots & u_{nj}\\ \vdots & \iddots & \vdots & \ddots & \vdots\\ u_{1n} & \cdots & u_{in} & \cdots & u_{nn}\end{pmatrix}dx^1\wedge\cdots\wedge dx^n.
$$
□

証明のために置換について復習しよう(詳しくは本シリーズ『行列と行列式』参照)．集合 $\{1,2,\cdots,n\}$ を考え，この集合からそれ自身への１対１写像のことを**置換**という．それら全体を $\mathcal{S}_n$ と表わす．$\mathcal{S}_n$ の元の間に写像の合成によって演算を定める．$1,2,\cdots,n$ のうち２つの入れ替えである $\mathcal{S}_n$ の元を**互換**という．任意の $\mathcal{S}_n$ の元は互換の合成で表わされる．互換の偶数個の合成で表わされる置換を**偶置換**，奇数個の合成で表わされる互換を**奇置換**と呼ぶ．置換 σ に対してその**符号** $\operatorname{sgn}\sigma\in\{\pm1\}$ を偶置換に対しては１，奇置換に対しては -1 で定義する．

補題 2.20　$u_i\,(i=1,\cdots,m)$ を微分１形式とし，$\sigma\in\mathcal{S}_m$ とすると，

$$u_1\wedge\cdots\wedge u_m=\operatorname{sgn}\sigma u_{\sigma(1)}\wedge\cdots\wedge u_{\sigma(m)}.$$

［証明］　σ が i と $i+1$ を入れ替える互換である場合は定義より明らか．一般の場合は σ をそのような互換の積に書けばよい． ∎

[補題 2.19 の証明]

$$u_1 \wedge \cdots \wedge u_n = (u_{11}dx^1 + \cdots + u_{1n}dx^n) \wedge \cdots \wedge (u_{n1}dx^1 + \cdots + u_{nn}dx^n)$$

を分配法則に従って計算すると，同じ dx^i を 2 箇所で含む項が 0 になることから

$$u_1 \wedge \cdots \wedge u_n = \sum_{\sigma \in \mathcal{S}_n} u_{1\sigma(1)} \cdots u_{n\sigma(n)} dx^{\sigma(1)} \wedge \cdots \wedge dx^{\sigma(n)}$$

になる．補題 2.20 より，これは

$$\sum_{\sigma \in \mathcal{S}_n} \operatorname{sgn} \sigma u_{1\sigma(1)} \cdots u_{n\sigma(n)} dx^1 \wedge \cdots \wedge dx^n$$

である．行列式の定義により，これは $\det(u_{ij})dx^1 \wedge \cdots \wedge dx^n$ に等しい． ∎

問 5 $u_j = \sum_{i=1}^{n} u_{ji} dx^i$ $(j=1, \cdots, n)$ を $U \subseteq \mathbb{R}^n$ 上の微分 1 形式とする．このとき次の式を証明せよ．

$$u_1 \wedge \cdots \wedge u_m = \sum_{1 \leqq j_1 < \cdots < j_m \leqq n} \det \begin{pmatrix} u_{1j_1} & \cdots & u_{ij_1} & \cdots & u_{mj_1} \\ \vdots & \ddots & \vdots & \iddots & \vdots \\ u_{1j_k} & \cdots & u_{ij_k} & \cdots & u_{mj_k} \\ \vdots & \iddots & \vdots & \ddots & \vdots \\ u_{1j_m} & \cdots & u_{ij_m} & \cdots & u_{mj_m} \end{pmatrix} dx^{j_1} \wedge \cdots \wedge dx^{j_m}$$

(d) 微分形式の引き戻し

U を $\mathbb{R}^n$ の開集合，V を $\mathbb{R}^m$ の開集合とし，$\Phi \colon U \to V$ を無限回微分可能な写像とする．$\mathbb{R}^n$ の座標を $x^1, \cdots, x^n$，$\mathbb{R}^m$ の座標を $y^1, \cdots, y^m$ とする．Φ を成分で表わして $\Phi(x^1, \cdots, x^n) = (\varphi^1(x^1, \cdots, x^n), \cdots, \varphi^m(x^1, \cdots, x^n))$ と書く．

定義 2.21 $u = \sum_{1 \leqq i_1 < \cdots < i_k \leqq m} f_{i_1 \cdots i_k}(y^1, \cdots, y^m) dy^{i_1} \wedge \cdots \wedge dy^{i_k}$ を V 上の微分 k 形式としたとき，その $\Phi \colon U \to V$ による**引き戻し**(pull back) $\Phi^* u$ を，次の式で定義される U 上の微分 k 形式とする．

$$\Phi^* u = \sum_{1 \leqq i_1 < \cdots < i_k \leqq m} f_{i_1 \cdots i_k} \circ \Phi \, d\varphi^{i_1} \wedge \cdots \wedge d\varphi^{i_k} .$$

(ここで，$f_{i_1\cdots i_k}\circ\Phi$ は写像の合成を指す.)　□

注意 2.22　微分形式の引き戻しと，ベクトル場の座標変換は，次の２点で異なる.

(i) ベクトル場の座標変換は，同じ次元の空間の間の可微分同相写像に対してしか定義されなかったが，微分形式の場合には，次元が一般には異なる２つの空間の間の，任意の微分可能写像による引き戻しが定まる.

(ii) ベクトル場の場合には，$\Phi\colon U\to V$ なる可微分同相写像によって，U 上のベクトル場が V 上のベクトル場に変換されたが，微分形式は V 上の微分形式が U 上の微分形式に変換される.

上付き・下付きの添字とアインシュタインの規約

この章では，ベクトル場の係数，微分形式の係数，座標などにつける添字を，上にしたり下にしたり，ものによって変えている．これは勝手にやっているわけではなく，はっきりした規則がある．ここでまとめておこう.

上に付けるのは，ベクトル場の係数，座標で，

下に付けるのは，微分形式の係数である.

つまり，

$$\sum_{i=1}^{n}V^i\frac{\partial}{\partial x^i},$$

$$\sum_{i_1=1}^{n}\cdots\sum_{i_k=1}^{n}u_{i_1,\cdots,i_k}dx^{i_1}\wedge\cdots\wedge dx^{i_k}$$

は，それぞれ n 次元空間でのベクトル場，微分 k 形式である．上に添字を付けて V^3 などとすると，3乗と紛らわしかったりするのだが，この記号法は大変便利でよく使われる.

例えば，微分２形式の座標変換の法則は，

$$\begin{aligned}\sum_{i,j=1}^{n}u_{i,j}dx^i\wedge dx^j &= \sum_{i,j=1}^{n}\sum_{k,l=1}^{n}u_{i,j}\left(\frac{\partial x^i}{\partial y^k}dy^k\right)\wedge\left(\frac{\partial x^j}{\partial y^l}dy^l\right)\\ &= \sum_{i,j=1}^{n}\sum_{k,l=1}^{n}\frac{\partial x^i}{\partial y^k}\frac{\partial x^j}{\partial y^l}u_{i,j}dy^k\wedge dy^l\end{aligned}$$

となる．言い換えると，$u_{i,j}$ を係数とする微分形式は座標変換で

$$\sum_{i,j=1}^{n} \frac{\partial x^i}{\partial y^k} \frac{\partial x^j}{\partial y^l} u_{i,j}$$

を係数とする微分形式に写ることになる．これは，添字について和をとるのは，同じ添字が1回ずつ，上下に付いている場合である，と覚えればよい．つまり，

$$\sum_{i,j=1}^{n} \frac{\partial y^k}{\partial x^i} \frac{\partial y^l}{\partial x^j} u_{i,j}$$

にすると，i や j が両方とも下付きになるからおかしい，と考える．（分母に付いている上付き添字(例えば $\dfrac{\partial y^k}{\partial x^i}$ での i)は下付きの添字であるとみなす.）

この規則で，ベクトル場の座標変換法則

$$\sum_{i}^{n} X^i \frac{\partial}{\partial x^i} = \sum_{i}^{n} X^i \frac{\partial y^j}{\partial x^i} \frac{\partial}{\partial y^j}$$

も覚えられる．このような規則を一般化して，上下に添字のついた $T_{i_1,\cdots,i_l}^{j_1,\cdots,j_m}$ のようなものを考えることができる．これを**テンソル**(tensor)という．

テンソルを縦横に用いて一般相対論を建設したアインシュタイン(Einstein)は，このような添字計算の記述を簡単にするために，上下に同じ添字がついていて，その添字に対して総和をとるときは，総和記号 $\sum$ を省略する，という規則を用いた．これをアインシュタインの規約という．アインシュタインの規約に従うと，例えば $\sum_{i,j=1}^{n} \frac{\partial x^i}{\partial y^k} \frac{\partial x^j}{\partial y^l} u_{i,j}$ は，$\frac{\partial x^i}{\partial y^k} \frac{\partial x^j}{\partial y^l} u_{i,j}$ と書けばよいことになる．

アインシュタインの規約の有用な理由は，上下に同じ添字がついているとき，その添字に対する総和は座標変換によらないということである．例えば，微分1形式 $\sum u_i dx^i$ とベクトル場 $\sum X^i \dfrac{\partial}{\partial x^i}$ に対して，スカラー $\sum u_i X^i$ は座標によらずに決まる．これを一般化したのが次の章で述べる内部積で，例えば微分2形式の場合にアインシュタインの規約を使って書くと次のようになる．

$$i_{X^k \frac{\partial}{\partial x^k}} (u_{i,j} dx^i \wedge dx^j) = X^i u_{i,k} dx^k - X^i u_{k,i} dx^k .$$

例題 2.23　$U=V=\mathbb{R}^2$ とし，U の座標を r,θ，V の座標を x,y とする．$\Phi(r,\theta)=(r\cos\theta, r\sin\theta)$ とする．V 上の微分 1 形式 $u=f(x,y)dx+g(x,y)dy$ に対して Φ^*u を計算せよ．

[解]

$$
\begin{aligned}
\Phi^*u &= f(r\cos\theta, r\sin\theta)d(r\cos\theta)+g(r\cos\theta, r\sin\theta)d(r\sin\theta)\\
&= f(r\cos\theta, r\sin\theta)\cos\theta\,dr+f(r\cos\theta, r\sin\theta)r\frac{\partial\cos\theta}{\partial\theta}d\theta\\
&\quad +g(r\cos\theta, r\sin\theta)\sin\theta\,dr+g(r\cos\theta, r\sin\theta)r\frac{\partial\sin\theta}{\partial\theta}d\theta\\
&= (f(r\cos\theta, r\sin\theta)\cos\theta+g(r\cos\theta, r\sin\theta)\sin\theta)dr\\
&\quad +(-rf(r\cos\theta, r\sin\theta)\sin\theta+rg(r\cos\theta, r\sin\theta)\cos\theta)d\theta.
\end{aligned}
$$
∎

補題 2.24

(i)　$\Phi^*(u+v)=\Phi^*u+\Phi^*v.$

(ii)　$\Phi^*(u\wedge v)=\Phi^*u\wedge\Phi^*v.$

(iii)　$\Phi^*(du)=d(\Phi^*u).$

(iv)　$\Psi^*\Phi^*(u)=(\Phi\Psi)^*(u).$ □

注意 2.25　この公式(iii)の類似がベクトル場では成り立たない(すなわちベクトル場の微分が変換によって保たれない)ことは前に説明した．

[証明]　(i),(ii)は定義から明らかである．(iii)を証明しよう．(i),(ii)より $u=f\,dy^{i_1}\wedge\cdots\wedge dy^{i_k}$ の場合を証明すれば十分である．このとき

$$
\begin{aligned}
\Phi^*(du) &= \Phi^*(df\wedge dy^{i_1}\wedge\cdots\wedge dy^{i_k})\\
&= \Phi^*\left(\sum_i\frac{\partial f}{\partial y^i}dy^i\wedge dy^{i_1}\wedge\cdots\wedge dy^{i_k}\right)\\
&= \sum_i\frac{\partial f}{\partial y^i}\circ\Phi\,d\varphi^i\wedge d\varphi^{i_1}\wedge\cdots\wedge d\varphi^{i_k}.
\end{aligned}
$$

一方

$$
d(\Phi^*u)=d(f\circ\Phi\,d\varphi^{i_1}\wedge\cdots\wedge d\varphi^{i_k}).
$$

この右辺は補題 2.17 より(微分 0 形式と微分 k 形式の積の微分とみなしてあてはめる)

$$
\begin{aligned}
&d(f\circ\Phi\, d\varphi^{i_1}\wedge\cdots\wedge d\varphi^{i_k}) \\
&\quad = d(f\circ\Phi)\wedge d\varphi^{i_1}\wedge\cdots\wedge d\varphi^{i_k} + f\circ\Phi\, d(d\varphi^{i_1}\wedge\cdots\wedge d\varphi^{i_k}) \qquad (2.16)
\end{aligned}
$$

に等しい．この第 1 項は合成関数の微分法により

$$
\begin{aligned}
d(f\circ\Phi)\wedge d\varphi^{i_1}\wedge\cdots\wedge d\varphi^{i_k} &= \sum_j \frac{\partial(f\circ\Phi)}{dx^j}dx^j\wedge d\varphi^{i_1}\wedge\cdots\wedge d\varphi^{i_k} \\
&= \sum_{i,j}\frac{\partial f}{\partial y^i}\frac{\partial\varphi^i}{\partial x^j}dx^j\wedge d\varphi^{i_1}\wedge\cdots\wedge d\varphi^{i_k} \\
&= \sum_i \frac{\partial f}{\partial y^i}d\varphi^i\wedge d\varphi^{i_1}\wedge\cdots\wedge d\varphi^{i_k}
\end{aligned}
$$

ゆえ，$\Phi^*(du)$ に一致する．一方(2.16)の第 2 項は，補題 2.17 を再び用いて

$$
d(d\varphi^{i_1}\wedge\cdots\wedge d\varphi^{i_k}) = dd\varphi^{i_1}\wedge(d\varphi^{i_2}\wedge\cdots\wedge d\varphi^{i_k}) - d\varphi^{i_1}\wedge d(d\varphi^{i_2}\wedge\cdots\wedge d\varphi^{i_k})
$$

であるから，k に関する数学的帰納法で 0 になることが示される．これで補題の(iii)が証明された．

(iv)の証明．Ψ の定義域の座標を z^i $(i=1,\cdots,l)$，Φ の定義域の座標を y^i $(i=1,\cdots,m)$ とし，$\Psi=(\psi^1,\cdots,\psi^m)$，$\Phi=(\varphi^1,\cdots,\varphi^n)$ とする．定義と合成関数の微分法より

$$
(\Phi\Psi)^*dx^i = d(\varphi^i\circ\Psi) = \sum_{j=1}^{l}\frac{\partial\varphi^i(\Psi(z^1,\cdots,z^l))}{\partial z^j}dz^j = \sum_{j=1}^{l}\sum_{k=1}^{m}\frac{\partial\varphi^i}{\partial y^k}\frac{\partial\psi^k}{\partial z^j}dz^j
$$

一方，定義より

$$
\begin{aligned}
\Psi^*\Phi^*(dx^i) = \Psi^*(d\varphi^i) = \Psi^*\left(\sum_{k=1}^{m}\frac{\partial\varphi^i}{\partial y^k}dy^k\right) &= \sum_{k=1}^{m}\frac{\partial\varphi^i}{\partial y^k}d\psi^k \\
&= \sum_{j=1}^{l}\sum_{k=1}^{m}\frac{\partial\varphi^i}{\partial y^k}\frac{\partial\psi^k}{\partial z^j}dz^j.
\end{aligned}
$$

よって $u=dx^i$ に対しては成立する．一般の場合はこれと(i),(ii)から得られる．　∎

問6　$\Phi\colon \mathbb{R}^2 \to \mathbb{R}^3$ を

$$\Phi(s,t) = (x,y,z) = (s^2, st, t^2)$$

で定義する．$\Phi^*(dx\wedge dy + xdy\wedge dz)$ を計算せよ．

問7　$f(s,t)$ を2変数関数とし，$\Phi\colon \mathbb{R}^2 \to \mathbb{R}^4$ を

$$\Phi(s,t) = (x,y,\xi,\eta) = \left(s, t, \frac{\partial f}{\partial s}, \frac{\partial f}{\partial t}\right)$$

で定義する．$\Phi^*(\xi dx + \eta dy)$ を計算せよ．

(e)　微分形式の概念の座標不変性

$\mathbb{R}^n$ の座標を $x^1, \cdots, x^n$ としたとき，x^i という記号は $\mathbb{R}^n$ 上の関数，すなわち $\mathbb{R}^n$ の点 $P=(p^1, \cdots, p^n)$ に p^i を対応させる関数とみなすことができる．このとき dx^i という記号はとりあえず2通りの意味をもつ．すなわち，1つは定義2.9でいう形式的な記号，であり，もう1つは関数 x^i の外微分である．この2つは実は一致する．なぜなら，関数 x^i の外微分を定義2.12に従って計算すると

$$dx^j = \sum_i \frac{\partial x^j}{\partial x^i} dx^i \tag{2.17}$$

であるが，$\dfrac{\partial x^j}{\partial x^i}$ は $i=j$ ならば1，$i\neq j$ ならば0である．よって(2.17)の右辺は(形式的な記号と見た) dx^i である．

これは単に言葉を弄んでいるようであるが，そうではなく，これから述べるように重大な実際的意味をもっている．例えば $\mathbb{R}^2$ の座標として，1つは x, y，もう1つは $u=x$ と $v=x+y$ をとろう．$\mathbb{R}^2$ 上の関数として $u=x$ であるから，その外微分は等しい．すなわち

$$du = dx \tag{2.18}$$

である．これは当たり前のようであるが，決してそうではない．なぜなら

$$\frac{\partial}{\partial u} = \frac{\partial}{\partial x} \tag{?}$$

は成立しないのである．これを見るには，§2.1で求めたベクトル場の変数変換の公式(2.5)を用いればよい．すなわち

$$\frac{\partial}{\partial x} = \frac{\partial u}{\partial x}\frac{\partial}{\partial u} + \frac{\partial v}{\partial x}\frac{\partial}{\partial v} = \frac{\partial}{\partial u} + \frac{\partial}{\partial v}.$$

以上述べたことは，微分形式 dx^i が x^i を決めればほかの座標関数 x^j $(j \neq i)$ とは関係なく決まるが，ベクトル場 $\dfrac{\partial}{\partial x^i}$ についてはそうでないということである．

これが微分形式の概念の座標不変性であり，微分形式の有用性の大きな根拠である．微分形式の概念はエリー・カルタン(Cartan)によるが，カルタンが微分形式を導入した最大の動機は，微分方程式を座標によらない形で記述することであった．

問8　$u=x$, $v=x+y$ としたとき $\dfrac{\partial f}{\partial u} \neq \dfrac{\partial f}{\partial x}$ である．これを確かめよ．

§2.3　微分形式の積分とストークスの定理

この節では,『電磁場とベクトル解析』で述べたベクトル場の微積分に対する諸定理を，微分形式の言葉に書き直す．これらの定理は，実は，微分形式を用いて述べた方がずっとすっきりと述べられる．

(a)　微分形式の積分

微分形式の積分の定義から始めよう．

定義 2.26　U を n 次元ユークリッド空間の中の有界領域とする．$u = f dx^1 \wedge \cdots \wedge dx^n$ を U 上の微分 n 形式とする．このとき u の**積分** $\int_U u$ を次の式で定義する．

$$\int_U u = \int_U f dx^1 \cdots dx^n.$$

□

§2.2 では，微分形式の外微分の引き戻しが，引き戻しの外微分であること(補題 2.24 の(iii))を述べた．これは微分形式の微分が座標不変であることを意味した．微分形式の積分も同じ意味で座標不変である．

定義 2.27　$\Phi\colon U \to V$ を，n 次元ユークリッド空間の中の有界領域の間の可微分同相写像とする．このとき Φ が**向きを保つ**とは，Φ のヤコビ行列の行列式が任意の点で正であることを指す．　□

定理 2.28　$\Phi\colon U \to V$ を，n 次元ユークリッド空間の中の有界領域の間の向きを保つ可微分同相写像とし，u を V 上の微分 n 形式とすると

$$\int_U \Phi^* u = \int_V u\,.$$

［証明］　U の座標を $x^1,\cdots,x^n$，V の座標を $y^1,\cdots,y^n$ とし，$\Phi(x^1,\cdots,x^n) = (\varphi^1(x^1,\cdots,x^n),\cdots,\varphi^n(x^1,\cdots,x^n))$ とする．$u = f dy^1\wedge\cdots\wedge dy^n$ とおく．定義より

$$\Phi^* u = f\circ\Phi d\varphi^1\wedge\cdots\wedge d\varphi^n\,.$$

ところで $d\varphi^i = \sum_j \dfrac{\partial\varphi^i}{\partial x^j}dx^j$ だったから，補題 2.19 より

$$\Phi^* u = f\circ\Phi\det\begin{pmatrix} \dfrac{\partial\varphi^1}{\partial x^1} & \cdots & \dfrac{\partial\varphi^j}{\partial x^1} & \cdots & \dfrac{\partial\varphi^n}{\partial x^1} \\ \vdots & \ddots & \vdots & \iddots & \vdots \\ \dfrac{\partial\varphi^1}{\partial x^i} & \cdots & \dfrac{\partial\varphi^j}{\partial x^i} & \cdots & \dfrac{\partial\varphi^n}{\partial x^i} \\ \vdots & \iddots & \vdots & \ddots & \vdots \\ \dfrac{\partial\varphi^1}{\partial x^n} & \cdots & \dfrac{\partial\varphi^j}{\partial x^n} & \cdots & \dfrac{\partial\varphi^n}{\partial x^n} \end{pmatrix} dx^1\wedge\cdots\wedge dx^n \qquad (2.19)$$

(2.19)右辺の行列式はヤコビ行列の行列式であるから，これを $\det D\Phi$ と書くと

$$\Phi^* u = f\circ\Phi\det D\Phi dx^1\wedge\cdots\wedge dx^n.$$

Φ は向きを保つから，$\det D\Phi = |\det D\Phi|$．よって，積分の変数変換公式より

$$\int_U \Phi^* u = \int_U f\circ\Phi|\det D\Phi| dx^1\cdots dx^n = \int_V f dy^1\cdots dy^n = \int_V u\,.$$ ∎

(b)　ベクトル場の微分と微分形式の外微分

ベクトル場の微分と微分形式の外微分はどういう関係にあるのだろうか．

これを見るために，ベクトル場と微分形式の間の対応を与える．

定義 2.29　U を 3 次元ユークリッド空間の開集合とし，$\boldsymbol{V}=V^x\dfrac{\partial}{\partial x}+V^y\dfrac{\partial}{\partial y}+V^z\dfrac{\partial}{\partial z}$ を U 上のベクトル場とする．このとき U 上の微分 1 形式 $\boldsymbol{V}^*$ を

$$\boldsymbol{V}^*=V^xdx+V^ydy+V^zdz$$

で定める．次に，微分 0 形式 f，微分 1 形式

$$u=u^1dx+u^2dy+u^3dz,$$

微分 2 形式

$$v=v^{12}dx\wedge dy+v^{23}dy\wedge dz+v^{31}dz\wedge dx,$$

微分 3 形式

$$w=fdx\wedge dy\wedge dz$$

に対して，

$$*f=fdx\wedge dy\wedge dz$$
$$*u=u^1dy\wedge dz+u^2dz\wedge dx+u^3dx\wedge dy$$
$$*v=v^{23}dx+v^{31}dy+v^{12}dz$$
$$*w=f$$

と定義する．$*$ を**ホッジ(Hodge)のスター作用素**と呼ぶ．以後，$i_1(\boldsymbol{V})=\boldsymbol{V}^*$，$i_2(\boldsymbol{V})=*(\boldsymbol{V}^*)$ と書く．(記号 i_1, i_2 は本書だけのものである．)　□

この記号を使うと，ベクトル場の微分と微分形式の外微分の関係が次のように定まる．

補題 2.30　f を U 上の関数，$\boldsymbol{V}=V^x\dfrac{\partial}{\partial x}+V^y\dfrac{\partial}{\partial y}+V^z\dfrac{\partial}{\partial z}$ を U 上のベクトル場とすると

$$i_1(\operatorname{grad} f)=df \tag{2.20}$$

$$i_2(\operatorname{rot}\boldsymbol{V})=di_1(\boldsymbol{V}) \tag{2.21}$$

$$*(\operatorname{div}\boldsymbol{V})=di_2(\boldsymbol{V}) \tag{2.22}$$

［証明］　(2.20)は定義からすぐ出る．(2.21)は

$di_1(\boldsymbol{V})=d(V^xdx+V^ydy+V^zdz)$

$$= \frac{\partial V^x}{\partial y}dy \wedge dx + \frac{\partial V^x}{\partial z}dz \wedge dx + \frac{\partial V^y}{\partial x}dx \wedge dy + \frac{\partial V^y}{\partial z}dz \wedge dy$$
$$+ \frac{\partial V^z}{\partial x}dx \wedge dz + \frac{\partial V^z}{\partial y}dy \wedge dz$$
$$= \left(\frac{\partial V^y}{\partial x} - \frac{\partial V^x}{\partial y}\right)dx \wedge dy + \left(\frac{\partial V^z}{\partial y} - \frac{\partial V^y}{\partial z}\right)dy \wedge dz$$
$$+ \left(\frac{\partial V^x}{\partial z} - \frac{\partial V^z}{\partial x}\right)dz \wedge dx$$
$$= i_2(\mathrm{rot}\,\boldsymbol{V}).$$

(2.22)は

$$di_2(\boldsymbol{V}) = d(V^x dy \wedge dz + V^y dz \wedge dx + V^z dx \wedge dy)$$
$$= \left(\frac{\partial V^x}{\partial x} + \frac{\partial V^y}{\partial y} + \frac{\partial V^x}{\partial z}\right)dx \wedge dy \wedge dz = *(\mathrm{div}\,\boldsymbol{V}).$$

■

問9　2つのベクトル場 $\boldsymbol{V}, \boldsymbol{W}$ に対して $i_1(\boldsymbol{V}) \wedge i_1(\boldsymbol{W}) = i_2(\boldsymbol{V} \times \boldsymbol{W})$ を示せ.

補題2.30により，補題2.18はベクトル場の言葉では次のように書かれる.

$$\mathrm{rot}\,\mathrm{grad}\,f = \boldsymbol{0} \tag{2.23}$$
$$\mathrm{div}\,\mathrm{rot}\,\boldsymbol{V} = 0 \tag{2.24}$$

これらは『電磁場とベクトル解析』の式(2.23)と補題2.39である．このように微分形式を用いると(2.23), (2.24)という一見違った式が，実は同じ種類の式であることがわかる．さらにこれが補題2.18として一般の次元に拡張されるのである.

(2.23), (2.24)には逆が成立した．すなわち『電磁場とベクトル解析』の定理2.43と定理3.43である．これを微分形式の言葉に言い換えると次のようになる.

定理2.31　U が単連結ならば，$du=0$ なる任意の微分1形式に対して，$u=df$ なる関数 f が存在する.

$U \subseteqq \mathbb{R}^3$ とし U に含まれる任意の閉曲面 S に対して，S が囲む領域は再び U に含まれると仮定する．このとき，$du=0$ なる任意の微分2形式に対し

て，$u=dv$ なる微分1形式が存在する．□

定理2.31は高次元化することができる．その場合の「単連結」に対応する条件は，コホモロジーの言葉で与えられるが，ここではそれには触れず，次の定理だけを述べておこう．$U\subseteqq\mathbb{R}^n$ が凸集合とは，U の任意の2点を結ぶ線分が，再び U に含まれることを指す．

定理2.32（ポアンカレの補題）　U が凸集合とすると，$du=0$ なる任意の微分 k 形式に対して $u=dv$ なる微分 $k-1$ 形式が存在する．□

この本では定理2.32は用いない．定理2.32の証明は省略する．（巻末の参考書16. を見よ.）

(c)　ストークスの定理，ガウスの定理

微分形式の微分と積分の関係を述べよう．そのために微分形式の曲面上での積分を定義しよう．S を $\mathbb{R}^3$ に含まれる向きのついた曲面とする．まず，S は(向きを保つ)1枚の座標 $\varphi\colon U\to S$ で覆われているとしよう．ここで U は $\mathbb{R}^2$ の開集合である．S を含む $\mathbb{R}^3$ の開集合上の微分2形式を u とおく．

定義2.33　$\int_S u=\int_U \varphi^*u$ と定義する．ここで $\int_U \varphi^*u$ は U 上の微分2形式 φ^*u の(定義2.26による)積分である．□

積分の座標変換不変性(定理2.28)を用いると，$\int_U \varphi^*u$ は座標 $\varphi\colon U\to S$ のとり方によらないことがわかる．実際 $\psi\colon V\to S$ を別の座標とすると，可微分同相写像 $\Phi\colon U\to V$ があって，$\psi\Phi=\varphi$ が成り立つ．また $\varphi\colon U\to S$, $\psi\colon V\to S$ が向きを保てば，$\Phi\colon U\to V$ も向きを保つ．よって定理2.28より

$$\int_U \varphi^*u=\int_U \Phi^*\psi^*u=\int_V \psi^*u\,.$$

これは $\int_U \varphi^*u$ が座標 $\varphi\colon U\to S$ のとり方によらないことを示している．

1枚の座標で覆われない曲面に対しては，$S=\bigcup\varphi_i(U_i)$ なる被覆を考える．これから $V_i\subseteqq U_i$ を選び，$S=\bigcup\varphi_i(V_i)$ かつ $\varphi_i(V_i)\cap\varphi_j(V_j)$ が1次元の図形であるようにする(『電磁場とベクトル解析』補題2.24)．そうして

$$\int_S u=\sum_i\int_{V_i}\varphi_i^*u$$

とおくと，これが $V_i \subseteqq U_i$ および φ_i によらないことが証明できる．こうして，向きのついた曲面上の微分2形式の積分が定義される．同様に，向きをもった曲線上の微分1形式の積分も定義される．

例題 2.34　$\boldsymbol{l}(t)=(\cos t, \sin t, t)$ のとき $\displaystyle\int_0^{\pi} \boldsymbol{l}^*(xdx+ydz)$ を計算せよ．

［解］

$$\int_0^{\pi} \boldsymbol{l}^*(xdx+ydz) = \int_0^{\pi} \boldsymbol{l}^*(\cos t\, d(\cos t)+\sin t\, dt)$$
$$= \int_0^{\pi} (-\cos t \sin t+\sin t)dt = 2\,.$$

■

例題 2.35　$w=xdy\wedge dz+ydz\wedge dx+zdx\wedge dy$，$S=\{(x,y,z)\,|\,x^2+y^2+z^2=1\}$ とする．$\displaystyle\int_S w$ を計算せよ．（S の向きは標準的な向き（『電磁場とベクトル解析』参照）をとる．）

［解］

$\Phi(s,t)=(\cos s\cos t,\ \sin s\cos t,\ \sin t)\quad (0<s<2\pi,\ -\pi/2<t<\pi/2)$

とおく．$\boldsymbol{\Phi}$ は S から，$y=0$, $x>0$ を除いた部分の，向きを保つ座標である（『電磁場とベクトル解析』例題 2.17 参照）．$\boldsymbol{\Phi}^*w=\cos t\, ds\wedge dt$ が計算で確かめられるから，$U=\{(s,t)\,|\,0<s<2\pi,\ -\pi/2<t<\pi/2\}$ とおくと

$$\int_S w = \int_U \Phi^* w = \int_0^{2\pi}\int_{-\pi/2}^{\pi/2} \cos t\, dxdy = 4\pi\,.$$

$y=0$, $x>0$ を除いて計算してもよいのは，除かれる部分が1次元であるからである．

■

問10　向きの付かない曲面上では微分2形式の積分は定義されないが，向きの付かない曲面に対してもその面積は意味がある．なぜだろうか．

ストークスの定理やガウスの定理を微分形式の言葉に書き直そう．

補題 2.36　S を $\mathbb{R}^3$ に含まれる向きの付いた曲面とし，$\boldsymbol{n}$ をその単位法べ

クトルとする．$\boldsymbol{W}=W^x\dfrac{\partial}{\partial x}+W^y\dfrac{\partial}{\partial y}+W^z\dfrac{\partial}{\partial z}$ を S の近傍で定義されたベクトル場とする．このとき

$$\int_S \boldsymbol{W}\cdot d\boldsymbol{S}=\int_S i_2(\boldsymbol{W}).$$

［証明］ $\varphi\colon U\to S$ を向きを保つ S の座標とする．単位法ベクトル $\boldsymbol{n}$ は

$$\frac{\partial\varphi}{\partial x}\times\frac{\partial\varphi}{\partial y}\Big/\left\|\frac{\partial\varphi}{\partial x}\times\frac{\partial\varphi}{\partial y}\right\|$$

である(『電磁場とベクトル解析』補題 2.8 参照)．よって定義より

$$\begin{aligned}\int_S \boldsymbol{W}\cdot d\boldsymbol{S}&=\int_U \boldsymbol{W}\cdot\left(\frac{\partial\varphi}{\partial x}\times\frac{\partial\varphi}{\partial y}\right)dxdy\\&=\int_U \det\begin{pmatrix}W^x & \dfrac{\partial\varphi^1}{\partial x} & \dfrac{\partial\varphi^1}{\partial y}\\ W^y & \dfrac{\partial\varphi^2}{\partial x} & \dfrac{\partial\varphi^2}{\partial y}\\ W^z & \dfrac{\partial\varphi^3}{\partial x} & \dfrac{\partial\varphi^3}{\partial y}\end{pmatrix}dxdy\\&=\int_U (W^x d\varphi^2\wedge d\varphi^3+W^y d\varphi^3\wedge d\varphi^1+W^z d\varphi^1\wedge d\varphi^2)\\&=\int_S i_2(\boldsymbol{W}).\end{aligned}$$

∎

定理 2.37（ガウスの定理） Ω を $\mathbb{R}^3$ の領域で，その境界は曲面 $S=\partial\Omega$ であるとする．u を Ω 上の微分 2 形式とする．このとき

$$\int_\Omega du=\int_{\partial\Omega} u.$$

［証明］ $i_2(\boldsymbol{W})=u$ なるベクトル場 $\boldsymbol{W}$ をとり，『電磁場とベクトル解析』の定理 2.26，および本書の補題 2.36，式(2.22)を用いると

$$\int_\Omega du=\int_\Omega *(\operatorname{div}\boldsymbol{W})=\int_\Omega \operatorname{div}\boldsymbol{W}\,dxdydz=\int_S \boldsymbol{W}\cdot d\boldsymbol{S}=\int_S i_2(\boldsymbol{W})=\int_S u.$$

∎

定理 2.38（ストークスの定理） S を $\mathbb{R}^3$ の中の向きの付いた境界付き曲

面，$L=\partial S$ をその境界とする．u を S の近傍で定義された微分1形式とすると，

$$\int_S du = \int_{\partial S} u\,.$$

［証明］　$i_1(\boldsymbol{W})=u$ なるベクトル場 $\boldsymbol{W}$ をとり，『電磁場とベクトル解析』の定理2.36，および本書の補題2.36，式(2.23)を用いると

$$\int_S du = \int_S d(\boldsymbol{W}^*) = \int_S i_2(\mathrm{rot}\,\boldsymbol{W}) = \int_S \mathrm{rot}\,\boldsymbol{W}\cdot d\boldsymbol{S} = \int_a^b \boldsymbol{W}\cdot d\boldsymbol{l}\,.$$

ここで，$\boldsymbol{l}\colon [a,b]\to\mathbb{R}^3$ は L の向きを保つパラメータである．一方，$u=u^x dx+u^y dy+u^z dz$ とおくと，$\boldsymbol{W}=u^x\dfrac{\partial}{\partial x}+u^y\dfrac{\partial}{\partial y}+u^z\dfrac{\partial}{\partial z}$ ゆえ

$$\begin{aligned}\int_a^b \boldsymbol{W}\cdot d\boldsymbol{l} &= \int_a^b\left(u^x\frac{dl^1}{dt}+u^y\frac{dl^2}{dt}+u^z\frac{dl^3}{dt}\right)dt\\ &= \int_a^b \boldsymbol{l}^*(u^x dx+u^y dy+u^z dz) = \int_L u\,.\end{aligned}$$

■

注意2.39　ここでは定理2.37,2.38をベクトル場の対応する定理から導いたが，特に定理2.38は微分形式に対するものを直接証明する方が，ベクトル場に対する定理を証明するよりやさしい．

定理2.38を直接証明するには次のようにする．まず平面 $\mathbb{R}^2$ の中の領域 U とその境界 C に対して定理を証明する．S が1枚の座標で表わされるときは，$S=\varphi(U)$ なる U を選ぶと，定義，U に対するストークスの定理，および補題2.24(iii)により

$$\int_S du = \int_U \varphi^* du = \int_U d(\varphi^* u) = \int_C \varphi^* u = \int_L u$$

となって証明が終わる．この計算は『電磁場とベクトル解析』でした計算(補題2.41)よりずっと見通しがよい．微分形式という概念の威力である．

注意2.40　定理2.37と2.38は非常によく似た形をしている．これが微分形式を用いたもう1つの利点であり，これにより一般の次元に定理を一般化できる．一般の次元のストークスの定理については，多様体を扱った本(例えば巻末の参考書16.)を見よ．

(d)　軸性ベクトルと極性ベクトル

(b)で3次元空間でのベクトル場と微分1形式 および 微分2形式との対応を与えた．このように，3次元空間のベクトル場は，微分1形式とも微分2形式ともみなすことができる．微分1形式とみなされるのが自然なベクトル場は**極性ベクトル**(polar vector)と呼ばれ，微分2形式とみなされるのが自然なベクトル場は**軸性ベクトル**(axial vector)と呼ばれる．同様に，スカラーは微分0形式とも微分3形式ともみなせる．微分3形式とみなすのが自然なものを，**擬スカラー**(pseudo scaler)と呼ぶ．

極性ベクトルと軸性ベクトルを区別するには，変換に対する性質を考えればよい．直交3×3行列Aとは$A^tA=I$なる行列を指した．

補題 2.41　Aを直交3×3行列とすると，$\mathbb{R}^3$から$\mathbb{R}^3$への可微分同相写像$\Phi\colon \mathbb{R}^3 \to \mathbb{R}^3$が$\Phi(\boldsymbol{x}) = A\boldsymbol{x}$で定まる．$\boldsymbol{V}$を$\mathbb{R}^3$上のベクトル場とする．このとき

(i)　$\Phi^* i_1(\Phi_*(\boldsymbol{V})) = i_1(\boldsymbol{V})$

(ii)　$\Phi^* i_2(\Phi_*(\boldsymbol{V})) = \det A\, i_2(\boldsymbol{V})$　□

証明は練習問題とする．直交行列の行列式はいつも1または-1である．$\det A = -1$であるAの例は$\begin{pmatrix} 1 & 0 & 0 \\ 0 & 1 & 0 \\ 0 & 0 & -1 \end{pmatrix}$で，これは$xy$平面についての鏡像である．すなわち鏡に映して符号が変わるのが軸性ベクトル，変わらないのが極性ベクトルである．

このことから，次の問に見るように，極性ベクトル，軸性ベクトルを区別できる．

問 11　電場は極性ベクトル，磁場は軸性ベクトルである．これを説明せよ．

問 12　$\boldsymbol{V}$が極性ベクトルならば，$\mathrm{rot}\,\boldsymbol{V}$は軸性ベクトルである．これを説明せよ．

マクスウェルの方程式の4次元定式化

微分形式を使い時間と空間を併せて4次元の空間とみなすと，マクスウェルの方程式はより美しく表わすことができる．またこのように表わすことで特殊相対性理論との関係(ローレンツ変換による不変性)がより明確になる．これについて簡単に触れよう．$\boldsymbol{B}=(B_1, B_2, B_3)$ を磁場を表わすベクトル，$\boldsymbol{E}=(E_1, E_2, E_3)$ を電場を表わすベクトルとする．微分形式

$$\begin{aligned} u = {} & B_1 dx^2 \wedge dx^3 + B_2 dx^3 \wedge dx^1 + B_3 dx^1 \wedge dx^2 \\ & + E_1 dx^1 \wedge dt + E_2 dx^2 \wedge dt + E_3 dx^3 \wedge dt \end{aligned}$$

を考えよう．マクスウェルの方程式系のうち2つ

$$\begin{cases} \operatorname{rot} \boldsymbol{E} = -\dfrac{d\boldsymbol{B}}{dt} \\ \operatorname{div} \boldsymbol{B} = 0 \end{cases}$$

は1つの式

$$du = 0$$

で表わすことができる．この式と定理2.32の4次元版を用いると

$$dv = u$$

なる，4次元空間上の微分1形式 v が存在することがわかる．v は『電磁場とベクトル解析』で述べた，磁場のベクトルポテンシャル $\boldsymbol{A}$ と電場の(スカラー)ポテンシャル φ を用いると

$$v = A_1 dx^1 + A_2 dx^2 + A_3 dx^3 - \varphi dt$$

と表わされる ($\operatorname{rot} \boldsymbol{A} = \boldsymbol{B}$, $-\operatorname{grad} \varphi = \boldsymbol{E}$)．したがってマクスウェルの方程式の残りの2つ

$$\begin{cases} \operatorname{div} \boldsymbol{E} = q \\ \operatorname{rot} \boldsymbol{B} - \dfrac{d\boldsymbol{E}}{dt} = j \end{cases}$$

は

$$\Box v = w$$

と表わすことができる．ここで

$$w = j_1 dx^1 + j_2 dx^2 + j_3 dx^3 + q dt$$

で，$\Box$ はダランベール作用素

$$\square = \left(\frac{\partial^2}{\partial t^2} - \left(\frac{\partial}{\partial x^1} \right)^2 - \left(\frac{\partial}{\partial x^2} \right)^2 - \left(\frac{\partial}{\partial x^3} \right)^2 \right)$$

である(成分ごとに作用させる).

§2.4　1径数変換群と無限小変換

数学のいろいろなところで重要になる考え方に対称性がある．ハミルトン系の対称性とは，系が様々な変換で不変であることを指す．例えば第1章で見た中心力場の定めるハミルトン系は，原点を中心とした回転で不変である．回転は1つのパラメータ(回転角)によって定まる．このように，対称性を表わす変換には，いくつかのパラメータが含まれていることが多い．このパラメータによって変換を微分すると現れるのが無限小変換である．この節では無限小変換とベクトル場の関係について学ぶ．

(a)　ベクトル場の1径数変換群

$\boldsymbol{V} = \sum_i V^i \dfrac{\partial}{\partial x^i}$ を n 次元ユークリッド空間 $\mathbb{R}^n$ 上のベクトル場とする．$\mathbb{R}^n$ 上の1点 p を考えて，$\boldsymbol{l}(0) = p$ であるような $\boldsymbol{V}$ の積分曲線 $\boldsymbol{l}\colon \mathbb{R} \to \mathbb{R}^n$ を考えよう．すなわち $\boldsymbol{l}$ は微分方程式

$$\frac{d\boldsymbol{l}}{dt}(t) = \boldsymbol{V}(\boldsymbol{l}(t)) \tag{2.25}$$

の $\boldsymbol{l}(0) = p$ なる解であるとする．このとき

$$\varphi_t(p) = \boldsymbol{l}(t) \tag{2.26}$$

とおく．φ_t を，p を $\varphi_t(p)$ に対応させる $\mathbb{R}^n$ から $\mathbb{R}^n$ への写像であるとみなす．これをベクトル場 $\boldsymbol{V}$ が生成する**1径数変換群**(one-parameter group of transformation)という．

例 2.42　$A = (a_{ij})$ を $n \times n$ 行列とする．このときベクトル場 $\boldsymbol{V}_A$ を

$$V_A = \sum_i V_A^i \frac{\partial}{\partial x^i},$$
$$V_A^i(x^1, \cdots, x^n) = \sum_j a_{ij} x^j$$

で定める．これに対して方程式(2.25)は，$\boldsymbol{l}(t) = (x^1(t), \cdots, x^n(t))$ と書くと

$$\frac{dx^i}{dt}(t) = \sum_j a_{ij} x^j(t)$$

と表わされる．この方程式の $x^i(0) = p^i$ であるような解は，行列の指数関数を用いて

$$\boldsymbol{x}(t) = \exp(tA)\boldsymbol{p}$$

で与えられる(本シリーズ『行列と行列式』参照)．したがって1径数変換群は $\varphi_t(p) = \exp(tA)\boldsymbol{p}$ である．　□

注意 2.43　これまで微分方程式の解の存在と一意性についてはあまり述べなかった．ベクトル場の係数が無限回微分可能であると，(2.25)の解は，任意の初期条件 p に対して，ある0の近傍に属する t のところで存在することが知られている(本シリーズ『力学と微分方程式』参照)．しかし t が大きいところまで存在するかどうかは，一般にはわからない．また解が存在する t の範囲は p によって変わりうる．

(2.25)の解が任意の初期条件 p に対して $t \in \mathbb{R}$ 全体で存在するとき，ベクトル場は**完備**(complete)であるという．以後1径数変換群について論ずるとき，ベクトル場の完備性を必要に応じて仮定するが，いちいち断らない．

問 13　$\mathbb{R}$ 上のベクトル場 $e^x \dfrac{\partial}{\partial x}$ は完備ではない．これを確かめよ．

(b)　1径数変換群の性質

1径数変換群という名前の群という言葉は，次の性質に由来する．

補題 2.44

$$\varphi_{t+s}(p) = \varphi_t(\varphi_s(p)) = \varphi_s(\varphi_t(p)).$$ □

［証明］ $\boldsymbol{l}: \mathbb{R} \to \mathbb{R}^n$ を，$\boldsymbol{l}(0)=p$ をみたす方程式(2.25)の解とする．定義より $\boldsymbol{l}(s)=\varphi_s(p)$, $\boldsymbol{l}(t+s)=\varphi_{t+s}(p)$ である．

$\boldsymbol{l}'(t)=\boldsymbol{l}(t+s)$ で $\boldsymbol{l}': \mathbb{R} \to \mathbb{R}^n$ を定めると，これは $\boldsymbol{l}'(0)=\boldsymbol{l}(s)$ をみたす方程式(2.25)の解である．よって再び定義より，$\boldsymbol{l}'(t)=\varphi_t(\boldsymbol{l}(s))$．よって

$$\varphi_t(\varphi_s(p)) = \varphi_t(\boldsymbol{l}(s)) = \boldsymbol{l}'(t) = \boldsymbol{l}(t+s) = \varphi_{t+s}(p).$$ ∎

系 2.45　φ_t は可微分同相写像である． □

実際 φ_{-t} が φ_t の逆写像になる．（φ_t, φ_{-t} が微分可能であることは，常微分方程式の初期条件に対する微分可能性から従う．）

(c)　群とその作用

ここで群およびその作用について思い出そう．（詳しくは本シリーズ『幾何入門』あるいは『双曲幾何』参照．）G が**群**(group)であるとは，その元の間に積が定義され，結合法則 $(g_1g_2)g_3=g_1(g_2g_3)$ がみたされ，また $eg=ge=g$ なる元，すなわち単位元 e が存在し，$gg^{-1}=g^{-1}g=e$ なる元，すなわち逆元 g^{-1} が，各々の元 g に対して，存在することを指した．

定義 2.46　群 G の空間 X への**作用**(action)とは，G の元 g と X の元 p に対して X の元 gp を対応させる写像であって，次の性質をみたすものをいう．（g_1, g_2 は G の元，e は G の単位元，p は X の元．）

$$(g_1g_2)p = g_1(g_2p),$$
$$ep = p.$$ □

例 2.47　$O(3)$ を 3 次直交行列全体とする．すなわち $O(3)$ の元は 3×3 行列 A で，${}^tA\,A=A\,{}^tA=I$ なるものである．（I は単位行列を，${}^tA$ は A の転置行列を指す．）$O(3)$ は行列の積で群をなす． □

例 2.48　$E(3)$ を，組 $(A, \boldsymbol{v})$, $A\in O(3)$, $\boldsymbol{v}\in\mathbb{R}^3$ 全体の集合とする．この集合に積を

$$(A_1, \boldsymbol{v}_1)\cdot(A_2, \boldsymbol{v}_2) = (A_1A_2, \boldsymbol{v}_1 + A_1\boldsymbol{v}_2) \tag{2.27}$$

で定めるとこれは群になる(確かめよ)．$E(3)$ の $\mathbb{R}^3$ への作用が次の式で定義される．

$$(A,\boldsymbol{w})\cdot\boldsymbol{v} = A\boldsymbol{v}+\boldsymbol{w} \tag{2.28}$$ □

($\mathbb{R}^3$ から $\mathbb{R}^3$ への)合同変換とは $\mathbb{R}^3$ から $\mathbb{R}^3$ への写像であって長さを保つものを指した．

定理 2.49　合同変換は必ず(2.28)のように表わされる．すなわち $E(3)$ は $\mathbb{R}^3$ の合同変換全体のなす群と一致する．

[証明]　$\varphi\colon \mathbb{R}^3\to\mathbb{R}^3$ を合同変換とする．$\varphi(\mathbf{0})=\boldsymbol{w}$ としたとき，$\boldsymbol{x}$ を $\varphi(\boldsymbol{x})-\boldsymbol{w}$ に写す写像はやはり合同変換である．φ はこの写像と $(I,\boldsymbol{w})$ の合成である(I は単位行列を指す)．したがって，$\boldsymbol{x}$ を $\varphi(\boldsymbol{x})-\boldsymbol{w}$ に写す写像が(2.28)のように表わされることを示せばよい．よって以後 $\varphi(\mathbf{0})=\mathbf{0}$ と仮定する．

次に $\varphi(1,0,0)=\boldsymbol{v}$ とする．$\boldsymbol{v}$ と $\mathbf{0}$ の距離は，$(1,0,0)$ と $\mathbf{0}$ の距離 1 に等しい．よって $\|\boldsymbol{v}\|=1$．すると，直交行列 A があって，$A\boldsymbol{v}=(1,0,0)$ となる．φ と $(A,\mathbf{0})$ の合成が，(2.28)のように表わされることを示せばよい．したがって，以後，$\varphi(\mathbf{0})=\mathbf{0}$, $\varphi(1,0,0)=(1,0,0)$ と仮定してよい．

$\varphi(0,1,0)=\boldsymbol{w}$ とする．$\boldsymbol{w}$ と $\mathbf{0}$ の距離は，$(0,1,0)$ と $\mathbf{0}$ の距離 1 に等しい．また，$\boldsymbol{w}$ と $\varphi(1,0,0)=(1,0,0)$ の距離は $(1,0,0)$ と $(0,1,0)$ の距離 $\sqrt{2}$ に等しい．この 2 つのことから，$\boldsymbol{w}=(0,\cos\theta,\sin\theta)$ なる θ が存在することがわかる．

$$B=\begin{pmatrix} 1 & 0 & 0 \\ 0 & \cos\theta & \sin\theta \\ 0 & -\sin\theta & \cos\theta \end{pmatrix}$$

とおく．$B\boldsymbol{w}=(0,1,0)$ である．φ と $(B,\mathbf{0})$ の合成が，(2.28)のように表わされることを示せばよい．したがって，以後，$\varphi(\mathbf{0})=\mathbf{0}$, $\varphi(1,0,0)=(1,0,0)$, $\varphi(0,1,0)=(0,1,0)$ と仮定してよい．

$\varphi(0,0,1)=\boldsymbol{u}$ とする．上と同様にして，$\boldsymbol{u}$ と $\mathbf{0}$ の距離は 1 で，また $\boldsymbol{u}$ と $(1,0,0)$ の距離は $\sqrt{2}$，さらに $\boldsymbol{u}$ と $(0,1,0)$ の距離も $\sqrt{2}$ である．これから容易に $\boldsymbol{u}=(0,0,1)$ または $\boldsymbol{u}=(0,0,-1)$ であることがわかる．後者の場合は

$$C = \begin{pmatrix} 1 & 0 & 0 \\ 0 & 1 & 0 \\ 0 & 0 & -1 \end{pmatrix}$$

を考えると，$C(0,0,-1)=(0,0,1)$．よって，φ と $(C,\mathbf{0})$ の合成は $(0,0,1)$ を $(0,0,1)$ に写す．

以上により，$\varphi(\mathbf{0})=\mathbf{0}$，$\varphi(1,0,0)=(1,0,0)$，$\varphi(0,1,0)=(0,1,0)$，$\varphi(0,0,1)=(0,0,1)$ と仮定してよいことがわかった．

さてこのとき，$\varphi(\boldsymbol{x})=\boldsymbol{x}$ が任意の $\boldsymbol{x}$ に対して成り立つことを示そう．$\varphi(\boldsymbol{x})=\boldsymbol{y}$ とおく．すると，上と同様にして，$\boldsymbol{y}$ と $\mathbf{0}$ の距離は $\boldsymbol{x}$ と $\mathbf{0}$ の距離に等しく，$\boldsymbol{y}$ と $(1,0,0)$ の距離は $\boldsymbol{x}$ と $(1,0,0)$ の距離に等しく，$\boldsymbol{y}$ と $(0,1,0)$ の距離は $\boldsymbol{x}$ と $(0,1,0)$ の距離に等しく，$\boldsymbol{y}$ と $(0,0,1)$ の距離は $\boldsymbol{x}$ と $(0,0,1)$ の距離に等しい．これから容易に，$\boldsymbol{y}=\boldsymbol{x}$ すなわち，$\varphi(\boldsymbol{x})=\boldsymbol{x}$ がわかる．

以上で $\varphi=(I,\mathbf{0})$ が示された．したがって，合同変換は必ず(2.28)のように表わされる． ∎

定義 2.50　$E(3)$ を**ユークリッド合同変換群**と呼ぶ． □

さて，無限小変換の話に戻ろう．群と作用という言葉を用いると，補題 2.44 は次のように言い換えることができる．

補題 2.51　$t\cdot p=\varphi_t(p)$ は群 $\mathbb{R}$ の $\mathbb{R}^n$ への作用を定める． □

補題 2.51 の逆が成立する．すなわち

補題 2.52　群 $\mathbb{R}$ の $\mathbb{R}^n$ への作用が存在し，(t,p) を $t\cdot p$ に写す写像が微分可能とする．このとき $\mathbb{R}^n$ 上の完備なベクトル場 $\boldsymbol{V}$ が存在して，$\boldsymbol{V}$ が生成する 1 径数変換群 φ_t は $t\cdot p=\varphi_t(p)$ をみたす． □

この $\boldsymbol{V}$ のことを群 $\mathbb{R}$ の $\mathbb{R}^n$ への作用に対する**無限小変換**(infinitesimal transformation)と呼ぶ．

［証明］　p を $t\cdot p$ に写す写像を ψ_t と書こう．ベクトル場 $\boldsymbol{V}$ を

$$\boldsymbol{V}(p) = \left.\frac{d\psi_t(p)}{dt}\right|_{t=0}$$

で定義する．$\boldsymbol{V}$ が生成する 1 径数変換群 φ_t が $\psi_t(p)=\varphi_t(p)$ をみたすことを示そう．

$$\left.\frac{d\psi_t(p)}{dt}\right|_{t=t_0} = \left.\frac{d\psi_{t+t_0}(p)}{dt}\right|_{t=0} = \left.\frac{d\psi_t(\psi_{t_0}p)}{dt}\right|_{t=0} = \boldsymbol{V}(\psi_{t_0}p)$$

であるから，$\boldsymbol{l}(t)=\psi_t(p)$ なる曲線は p を通るベクトル場 $\boldsymbol{V}$ の積分曲線である．よって，積分曲線の一意性と φ_t の定義より，$\psi_t(p)=\varphi_t(p)$．∎

(d) 括弧積

$\boldsymbol{V}, \boldsymbol{W}$ をベクトル場とする．φ_t, ψ_t をそれぞれ $\boldsymbol{V}, \boldsymbol{W}$ が生成する1径数変換群とする．$\boldsymbol{V}$ と $\boldsymbol{W}$ の間の**括弧積**(ブラケット(bracket)積)$[\boldsymbol{V}, \boldsymbol{W}]$ とは，次の式(2.29)で定義されるベクトル場である．

$$[\boldsymbol{V}, \boldsymbol{W}] = \lim_{\varepsilon\to 0}\frac{(\varphi_{-\varepsilon})_*(\boldsymbol{W})-\boldsymbol{W}}{\varepsilon} = \lim_{\varepsilon\to 0}\frac{D\varphi_{-\varepsilon}\boldsymbol{W}(\varphi_\varepsilon(p))-\boldsymbol{W}}{\varepsilon}. \quad (2.29)$$

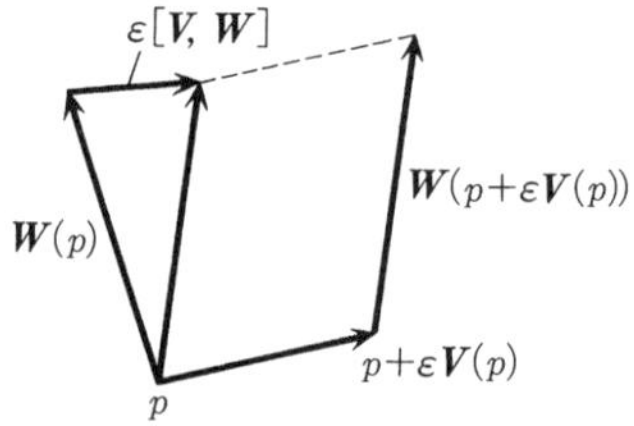

図 2.2　括弧積

括弧積を計算してみよう．$\boldsymbol{V}=\sum V^i\dfrac{\partial}{\partial x^i}$, $\boldsymbol{W}=\sum W^i\dfrac{\partial}{\partial x^i}$ とおく．φ_t の定義より

$$|\varphi_\varepsilon(p)-(p+\varepsilon\boldsymbol{V}(p))| < C\varepsilon^2$$

となるような ε によらない数 C が存在する．したがって

$$\begin{aligned}[\boldsymbol{V}, \boldsymbol{W}](p) &= \lim_{\varepsilon\to 0}\frac{D\varphi_{-\varepsilon}\boldsymbol{W}(p+\varepsilon\boldsymbol{V}(p))-\boldsymbol{W}(p)}{\varepsilon}\\ &= \sum_i\frac{\partial\boldsymbol{W}}{\partial x^i}V^i(p)+\lim_{\varepsilon\to 0}\frac{D\varphi_{-\varepsilon}\boldsymbol{W}(p)-\boldsymbol{W}(p)}{\varepsilon}. \quad (2.30)\end{aligned}$$

第2項を計算する．$q\in\mathbb{R}^n$ に対して，φ_t の定義より

$$\lim_{\varepsilon\to 0}\frac{\varphi_{-\varepsilon}(q)-q}{\varepsilon} = -\boldsymbol{V}(q)$$

が成り立つ．この式の両辺を，q のベクトル値関数とみなして偏微分すると

$$\lim_{\varepsilon\to 0}\frac{\dfrac{\partial\varphi_{-\varepsilon}}{\partial x^i}(q)-\boldsymbol{e}_i}{\varepsilon}=-\frac{\partial \boldsymbol{V}}{\partial x^i}(q)\,. \tag{2.31}$$

ここで $\boldsymbol{e}_i$ は第 i 成分が 1 それ以外が 0 のベクトルを指す．(2.31)で $q=p$ とおき，$W^i(p)$ を掛けて，i について 1 から n まで足すと

$$\lim_{\varepsilon\to 0}\sum_i\frac{\dfrac{\partial\varphi_{-\varepsilon}}{\partial x^i}(p)W^i(p)-\boldsymbol{e}_iW^i(p)}{\varepsilon}=-\sum_i W^i\frac{\partial \boldsymbol{V}}{\partial x^i}(p)\,.$$

この左辺は

$$\lim_{\varepsilon\to 0}\frac{D\varphi_{-\varepsilon}\boldsymbol{W}(p)-\boldsymbol{W}(p)}{\varepsilon}$$

に一致する．よって(2.30)より

$$[\boldsymbol{V},\boldsymbol{W}](p)=\sum_i\left(\frac{\partial \boldsymbol{W}}{\partial x^i}V^i(p)-W^i\frac{\partial \boldsymbol{V}}{\partial x^i}(p)\right). \tag{2.32}$$

すなわち我々は次の補題を証明した．

補題 2.53

$$\left[\sum_i V^i\frac{\partial}{\partial x^i},\ \sum_i W^i\frac{\partial}{\partial x^i}\right]=\sum_{i,j}\left(V^i\frac{\partial W^j}{\partial x^i}-W^i\frac{\partial V^j}{\partial x^i}\right)\frac{\partial}{\partial x^j}\,.$$

□

例 2.54　例 2.42 のベクトル場

$$\boldsymbol{V}_A(x)=\sum_i V_A^i(x)\frac{\partial}{\partial x^i}=\sum_{i,j}a_{ij}x^j\frac{\partial}{\partial x^i}$$

を考えると

$$\begin{aligned}[\boldsymbol{V}_A,\boldsymbol{V}_B]&=\sum_{i,j,k,l}\left(a_{ik}x^k\frac{\partial(b_{jl}x^l)}{\partial x^i}-b_{ik}x^k\frac{\partial(a_{jl}x^l)}{\partial x^i}\right)\frac{\partial}{\partial x^j}\\&=\sum_{i,j,k}(b_{ji}a_{ik}x^k-a_{ji}b_{ik}x^k)\frac{\partial}{\partial x^j}\\&=\boldsymbol{V}_{BA-AB}\,.\end{aligned}$$

すなわち，行列の間の括弧積を $[A, B] = AB - BA$ で定めると，$[\boldsymbol{V}_A, \boldsymbol{V}_B] = \boldsymbol{V}_{[B, A]}$ が成り立つ． □

問 14　括弧積の次の性質を確かめよ．

$$[\boldsymbol{V}_1 + \boldsymbol{V}_2, \boldsymbol{W}] = [\boldsymbol{V}_1, \boldsymbol{W}] + [\boldsymbol{V}_2, \boldsymbol{W}], \quad [\boldsymbol{V}, \boldsymbol{W}] = -[\boldsymbol{W}, \boldsymbol{V}]$$

補題 2.55　ベクトル場 $\boldsymbol{V}, \boldsymbol{W}$ が生成する1径数変換群をそれぞれ φ_t, ψ_t とすると，次の2つは同値である．

（i）　$[\boldsymbol{V}, \boldsymbol{W}] = 0$.

（ii）　$\varphi_t(\psi_s(p)) = \psi_s(\varphi_t(p))$ が任意の p, t, s に対して成立する．

［証明］　(i)を仮定する．$\boldsymbol{W}(t, p) = D\varphi_{-t}\boldsymbol{W}(\varphi_t(p))$ とおくと，(i)より

$$\begin{aligned}
\left.\frac{d\boldsymbol{W}(t,p)}{dt}\right|_{t=t_0} &= \lim_{\varepsilon \to 0} \frac{D\varphi_{-t_0-\varepsilon}\boldsymbol{W}(\varphi_{t_0+\varepsilon}(p)) - D\varphi_{-t_0}\boldsymbol{W}(\varphi_{t_0}(p))}{\varepsilon} \\
&= D\varphi_{-t_0} \lim_{\varepsilon \to 0} \frac{D\varphi_{-\varepsilon}\boldsymbol{W}(\varphi_{t_0+\varepsilon}(p)) - \boldsymbol{W}(\varphi_{t_0}(p))}{\varepsilon} \\
&= D\varphi_{-t_0} \lim_{\varepsilon \to 0} \frac{(\varphi_{-\varepsilon})_*\boldsymbol{W}(\varphi_{t_0}(p)) - \boldsymbol{W}(\varphi_{t_0}(p))}{\varepsilon} \\
&= D\varphi_{-t_0}[\boldsymbol{V}, \boldsymbol{W}](\varphi_{t_0}(p)) \\
&= 0.
\end{aligned}$$

よって $D\varphi_{-t}\boldsymbol{W}(\varphi_t(p)) = \boldsymbol{W}(p)$．すなわち

$$\boldsymbol{W}(\varphi_t(p)) = D\varphi_t\boldsymbol{W}(p). \tag{2.33}$$

$\boldsymbol{l}(s) = \varphi_t(\psi_s(p))$ とおく．(2.33)より

$$\frac{d\boldsymbol{l}(s)}{ds} = \frac{d}{ds}\varphi_t(\psi_s(p)) = D\varphi_t\boldsymbol{W}(\psi_s(p)) = \boldsymbol{W}(\varphi_t(\psi_s(p))) = \boldsymbol{W}(\boldsymbol{l}(s)).$$

すなわち，$\boldsymbol{l}(s)$ は $\boldsymbol{W}$ の積分曲線である．一方，$\boldsymbol{l}(0) = \varphi_t(p)$ であるから，$\varphi_t(\psi_s(p)) = \psi_s(\varphi_t(p))$．すなわち(ii)が成り立つ．

次に(ii)を仮定する．両辺を s で微分し $s = 0$ とすると，$D\varphi_t(\boldsymbol{W}(p)) = \boldsymbol{W}(\varphi_t(p))$．よって

$$((\varphi_t)_*\boldsymbol{W})(p) = D\varphi_{-t}\boldsymbol{W}(\varphi_t(p)) = \boldsymbol{W}(p).$$

よって

$$[\boldsymbol{V},\boldsymbol{W}]=\lim_{\varepsilon\to 0}\frac{(\varphi_{-\varepsilon})_*\boldsymbol{W}-\boldsymbol{W}}{\varepsilon}=\boldsymbol{0}\,.$$

∎

(e)　ユークリッド合同変換群の無限小変換

例2.48で考えた群 $E(3)$ を考える．各々の $t\in\mathbb{R}$ に対して $(A(t),\boldsymbol{v}(t))$ なる $E(3)$ の元を定める対応で，$(A(t),\boldsymbol{v}(t))\cdot(A(s),\boldsymbol{v}(s))=(A(t+s),\boldsymbol{v}(t+s))$ なるものを考えよう．群論の言葉を使っていうと，$E(3)$ の部分群で $\mathbb{R}$ に同型なものを考えることになる．このようなものの代表例は2つある．1つは平行移動で，もう1つはある軸のまわりの回転である．

まず平行移動の方から見よう．これは $\boldsymbol{v}\in\mathbb{R}^3$ を1つ決めて，$(A(t),\boldsymbol{v}(t))=(I,t\boldsymbol{v})$ となる変換である（I は単位行列）．$\varphi_t(p)=(I,t\boldsymbol{v})(p)=p+t\boldsymbol{v}$ とおこう．これに対する無限小変換を求めると

$$\left.\frac{d\varphi_t(p)}{dt}\right|_{t=0}=\left.\frac{d(p+t\boldsymbol{v})}{dt}\right|_{t=0}=\boldsymbol{v}\,.$$

すなわち，平行移動に対応する無限小変換は，定数ベクトル（点によって値が変わることがないベクトル）である．

次に回転を考えよう．$A(t)$ を直交行列からなる1径数変換群とする．すなわち $A(t)A(s)=A(t+s)$ であるとする．（特に $A(0)=I$ である．）これに対する無限小変換 $\boldsymbol{V}$ は

$$\boldsymbol{V}(\boldsymbol{x})=\left.\frac{dA(t)(\boldsymbol{x})}{dt}\right|_{t=0}=\left.\frac{dA(t)}{dt}\right|_{t=0}\boldsymbol{x}$$

である．すなわち行列値写像 $A(t)$ の $t=0$ での微分を B とすると，例2.42の記号を用いて $\boldsymbol{V}=\boldsymbol{V}_B$ と表わされる．

行列 B がみたすべき条件を調べよう．$A(t)$ が直交行列であることより ${}^tA(t)A(t)=I$（^{t} は転置行列を表わす．）．これを t で微分して $t=0$ とおくと

$$0=\left.\frac{d}{dt}({}^tA(t)A(t))\right|_{t=0}=\left.\frac{d\,{}^tA(t)}{dt}A(t)+{}^tA(t)\frac{dA(t)}{dt}\right|_{t=0}={}^tB+B\,.$$

すなわち B は反対称行列である．逆に，反対称行列 B に対して，行列の指

数関数 $\exp(tB)$ を考えると,

$$ {}^t(\exp(tB)) = \exp(t\,{}^tB) = \exp(-tB) = \exp(tB)^{-1} $$

ゆえ, $A(t) = \exp(tB)$ とおくと, これは直交行列である.

一般に群 G がユークリッド空間 $\mathbb{R}^n$ に作用しているとき, ベクトル場 $\boldsymbol{V}$ であって, その生成する1径数変換群 φ_t が G の元の作用に一致するもの全体のことを, G の**リー環**(Lie algebra)と呼ぶ.

平行移動の群のリー環は定数ベクトル場からなり, 回転からなる群(直交行列からなる群)のリー環は反対称行列 B に対する $\boldsymbol{V}_B$ たち全体からなる.

(f) 剛体の運動の表示

力が加わっても形が変わらず, 大きさをもった物体を剛体と呼ぶ. §3.5で剛体の運動を決定する微分方程式を調べるが, ここでは剛体の運動をどうやって記述するか考えよう.

2つの図形の合同という概念を思い出そう. A と B とが合同とは, それを動かしてぴったり重ねることができることをいった.「動かしてぴったり重ねる」というのは少し誤解を招く恐れのある言い方である. 例えば図2.3の3つの3角形を考えよう. 3角形イはこれを平面の中で動かしていって3角形ロに重ねることができるが, 3角形ハに重ねるには3角形イを平面からもち上げて裏返さなければならない. しかしこの3つの3角形はすべて互いに合同である.

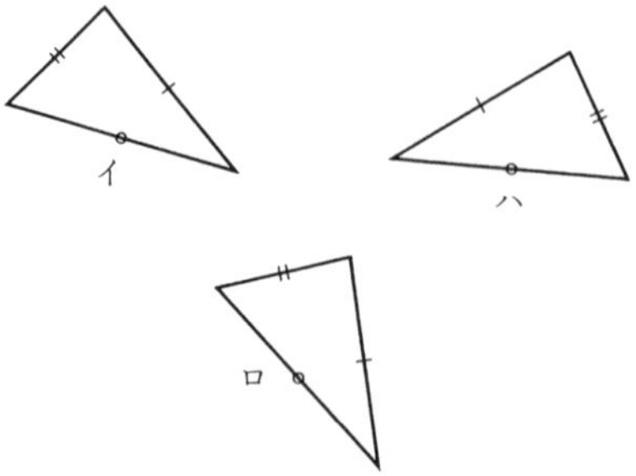

図**2.3**　3角形の合同

図 2.4　3 次元空間での鏡映

3 次元でも同様である．図 2.4 の 2 つの物体は 3 次元の中で動かして重ねることはできないが合同である．

このように合同な図形でも 2 通りあって，連続的に動かしていって重ねることができる場合と，どこかで裏返さなければいけない場合とがある．

剛体の運動を考える．瞬間 t に剛体が図形 $X(t)$ で表わされていると，$X(t)$ と $X(0)$ は合同であるが，それだけでなく，$X(0)$ を連続的に動かしていって $X(t)$ に重ねることができる．

定理 2.49 より，2 つの図形 $X, Y \subseteq \mathbb{R}^3$ が合同であると，$E(3)$ の元 $(A, \boldsymbol{v})$ が存在して，

$$Y = \{(A\boldsymbol{x}+\boldsymbol{v}) \mid \boldsymbol{x} \in X\} \tag{2.34}$$

と表わされる．この右辺を $(A, \boldsymbol{v})X$ と書こう．このとき X を連続的に動かしていって Y に重ねることができるのはどんな場合であろうか．

上で見たように，X を連続的に動かしていって Y に重ねることができないのは，X をどこかで裏返さなければならない場合である．$E(3)$ の元 $(A, \boldsymbol{v})$ の定める変換が図形を裏返すのは，$\det A = -1$ であるときである．したがって，X を連続的に動かしていって Y に重ねることができるのは，$\det A = 1$ であるような $E(3)$ の元 $(A, \boldsymbol{v})$ を用いて $Y = (A, \boldsymbol{v})X$ と表わされる場合である．

定義 2.56　$SO(3)$ で行列式が 1 である直交行列全体を表わす．□

さて，以上で述べたことにより，時刻 t に剛体が図形 $X(t)$ で表わされて

いるとき，t によらない図形 X と $R(t)\in SO(3)$, $\boldsymbol{v}(t)\in\mathbb{R}^3$ が存在して

$$X(t) = (R(t), \boldsymbol{v}(t))X \tag{2.35}$$

と表わされる．したがって，剛体の運動を決定するにはこの $R(t)\in SO(3)$, $\boldsymbol{v}(t)\in\mathbb{R}^3$ に対する微分方程式を求め，それを解けばよいことになる．

さらに剛体が1点で固定されている場合を考えよう．この場合は，この1点を原点とするような座標系を選ぶことができる．したがって，そのときは $(R(t),\boldsymbol{v}(t))(\mathbf{0})=\mathbf{0}$，すなわち $\boldsymbol{v}(t)=\mathbf{0}$ である．よって運動は $R(t)\in SO(3)$ で記述される．

$SO(3)$ の元はどういう変換であろうか．$A\in SO(3)$ とする．この固有値を $\lambda_1,\lambda_2,\lambda_3$ とする．${}^tA=A^{-1}$ ゆえ A^{-1} の固有値も $\lambda_1,\lambda_2,\lambda_3$ である．したがって，順番を入れ替えて $\lambda_2=\lambda_1^{-1}$, $\lambda_3=\pm 1$ とできる．ところが $\det A=1$ であるから $\lambda_3=1$ でなければならない．すなわち1は A の固有値である．言い換えると $A\boldsymbol{v}=\boldsymbol{v}$ であるような $\mathbf{0}$ でないベクトル $\boldsymbol{v}$ が存在する．$\boldsymbol{v}$ の方向の直線を考えると，A の定める合同変換はこの直線を軸とした回転であることがわかる．

A を決めるには軸の方向と回転角を決める必要がある．軸の方向のとり方は2次元ぶんで，回転角は1次元ぶんのとり方があるから，$SO(3)$ は3次元の図形である．

(e)で述べたように，$SO(3)$ の元からなる1径数変換群に対応する無限小変換は反対称行列で表わされる．これは回転軸とどういう関係にあるのであろうか．反対称行列 B を

$$B = \begin{pmatrix} 0 & -v_3 & v_2 \\ v_3 & 0 & -v_1 \\ -v_2 & v_1 & 0 \end{pmatrix} \tag{2.36}$$

とする．これに対してベクトル $\bar{B}$ を $\bar{B}=(v_1,v_2,v_3)$ と表わす．逆に $\boldsymbol{v}=(v_1,v_2,v_3)$ に対して(2.36)の B を $\widehat{\boldsymbol{v}}$ と書く．次の(2.37)は定義から明らかである．

$$\widehat{\boldsymbol{v}}\boldsymbol{x} = \boldsymbol{v}\times\boldsymbol{x}. \tag{2.37}$$

$\boldsymbol{v}$ の方向を軸とした角度 $t\|\boldsymbol{v}\|$ の回転を考えよう．(ただし，この角度は

右手の親指を $\boldsymbol{v}$ の方向に向け右手を軽く握ったとき，残りの4本の指が向く方向を正とする．『電磁場とベクトル解析』図2.17参照．）この変換をこの本では $\mathcal{R}_v^t$ と書こう．$\mathcal{R}_v^t$ は1径数変換群をなす．(2.37)から次の補題が成り立つ．

補題 2.57　$\mathcal{R}_v^t$ に対応する無限小変換は $\boldsymbol{V}_{\hat{v}}$ である．　□

さて，$R(t) \in SO(3)$ で1点で固定された剛体の運動が記述されているとする．この剛体はある瞬間にある軸のまわりで回転しているとみなすことができる．この軸を見つけよう．

$$\Omega(t) = \frac{dR(t)}{dt} R(t)^{-1}$$

とおく．

補題 2.58　$\Omega(t)$ は反対称行列である．すなわち ${}^t\Omega(t) = -\Omega(t)$．

［証明］　${}^tR(t)R(t) = I$ を微分すると，

$$\frac{d\,{}^tR(t)}{dt} R(t) + {}^tR(t) \frac{dR(t)}{dt} = 0\,.$$

よって

$${}^t\Omega(t) + \Omega(t) = {}^tR(t)^{-1} \frac{d\,{}^tR(t)}{dt} + \frac{dR(t)}{dt} R(t)^{-1} = 0\,.$$

■

$\widehat{\Xi}(t) = \Omega(t)$ なるベクトル値関数 $\Xi(t)$ をとる．

補題 2.59　時刻 t で，剛体は $\Xi(t)$ を軸とした速度 $\|\Xi(t)\|$ の回転をしている．

［証明］　時刻 t に位置 $R(t)\boldsymbol{x}$ にあった部分は，時刻 $t+\Delta t$ には $R(t+\Delta t)\boldsymbol{x} = (1+\Delta t\Omega(t))R(t)\boldsymbol{x}$ にある．したがって

$$\lim_{\Delta t \to 0} \frac{R(t+\Delta t)\boldsymbol{x} - R(t)\boldsymbol{x}}{\Delta t} = \Omega(t)R(t)\boldsymbol{x} = \Xi(t) \times R(t)\boldsymbol{x}\,.$$

これは時刻 t で，剛体は $\Xi(t)$ を軸とした速度 $\|\Xi(t)\|$ の回転をしていることを示している．　■

この節の最後に，§3.5で剛体の運動を調べるのに用いる補題をいくつか述べておく．

補題 2.60　$B \in SO(3)$ とすると，

$$B(\boldsymbol{x}\times\boldsymbol{y}) = B\boldsymbol{x}\times B\boldsymbol{y}. \qquad \square$$

補題 2.61　$B \in SO(3)$ とすると，

$$\widehat{B\boldsymbol{x}} = B\widehat{\boldsymbol{x}}B^{-1}. \qquad \square$$

補題 2.62　u が反対称行列とすると，

$$\widehat{u\boldsymbol{x}} = u\widehat{\boldsymbol{x}} - \widehat{\boldsymbol{x}}u = [u, \widehat{\boldsymbol{x}}].$$

［証明］　補題 2.60 は外積の幾何学的意味から明らか．補題 2.61 は(2.37)と補題 2.60 より

$$\widehat{B\boldsymbol{x}}\,y = B\boldsymbol{x}\times\boldsymbol{y} = B(\boldsymbol{x}\times B^{-1}\boldsymbol{y})$$

であることから従う．補題 2.62 は補題 2.61 から導かれる式

$$\widehat{e^{tu}\boldsymbol{x}} = e^{tu}\widehat{\boldsymbol{x}}e^{-tu}$$

を t について微分して，$t=0$ とおけばよい． ∎

《まとめ》

2.1　ベクトル場を可微分同相写像で座標変換することは，常微分方程式を変数変換することにあたる．

2.2　運動方程式をラグランジアンを使って，オイラー–ラグランジュ方程式として表わすと，変数変換の計算がしやすい．

2.3　$\sum_{i_1,\cdots,i_k} f_{i_1\cdots i_k}dx^{i_1}\wedge\cdots\wedge dx^{i_k}$ のような形式的な和を，微分形式という．

2.4　微分形式には，和，スカラー倍，ウェッジ積が定義される．

2.5　微分形式を微分することを外微分といい d で表わす．外微分は座標変換で不変な概念である．

2.6　微分形式を用いると，ストークスの定理，ガウスの定理が，$\int_X du = \int_{\partial X} u$ なる統一的な形で表わされる．

2.7　$\varphi_s\varphi_t = \varphi_{s+t}$ をみたす可微分同相写像の族 φ_t を与えることと，ベクトル場 $\boldsymbol{V}$ を与えることは同値である．φ_t を 1 径数変換群，$\boldsymbol{V}$ をその無限小変換という．

2.8　(3 次元)ユークリッド空間の合同変換は，直交行列 A とベクトル $\boldsymbol{v}$ の組

で表わされる.

演習問題

2.1 $\Phi(r,\theta,\varphi)=(x,y,z)=(r\cos\theta\cos\varphi,\ r\sin\theta\cos\varphi,\ r\sin\varphi)$ $(r>0,\ 0<\theta<2\pi,\ -\pi/2<\varphi<\pi/2)$ とする. $\Phi_*\left(\dfrac{\partial}{\partial r}\right), \Phi_*\left(\dfrac{\partial}{\partial \theta}\right), \Phi_*\left(\dfrac{\partial}{\partial \varphi}\right)$ を計算せよ.

2.2 u は奇数次の微分形式とする. $u\wedge u=0$ を示せ.

2.3 $f_1,\cdots,f_m$ を $\mathbb{R}^n$ 上の無限回微分可能な関数とする. 次の 2 つは同値であることを示せ.

(1) $\mathrm{grad}\, f_1(p),\cdots,\mathrm{grad}\, f_m(p)$ は 1 次従属.

(2) $df_1\wedge\cdots\wedge df_m$ は p で 0.

ここで微分形式 $u=\sum_{i_1,\cdots,i_k} u_{i_1\cdots i_k}dx^{i_1}\wedge\cdots\wedge dx^{i_k}$ が p で 0 とは, すべての $i_1,\cdots,i_k$ に対して $u_{i_1\cdots i_k}(p)=0$ が成り立つことを指す.

2.4 $\Omega=\mathbb{R}^3\backslash\{\mathbf{0}\}$ とし, $\Phi\colon\Omega\to\mathbb{R}$ を $\Phi(\boldsymbol{x})=\|\boldsymbol{x}\|$ で定める. 実数 α に対して微分形式 $\Phi^*(r^\alpha dr)$ を x,y,z ($\mathbb{R}^3$ の座標)で表わせ.

2.5 φ_t を $\mathbb{R}^3$ 上の 1 径数変換群とし, $\varphi_t\in E(3)$ が任意の t で成り立つとする. $\varphi_t=(A(t),\boldsymbol{v}(t))$ とおく.

(1) $\dfrac{dA}{dt}(0)=B$, $\dfrac{d\boldsymbol{v}}{dt}(0)=\boldsymbol{w}$ とする. $\varphi_t=(A(t),\boldsymbol{v}(t))$ を $B,\boldsymbol{w}$ で表わせ.

(2) $\psi_t=(A'(t),\boldsymbol{v}'(t))\in E(3)$ も 1 径数変換群とし, $\dfrac{dA'}{dt}(0)=B'$, $\dfrac{d\boldsymbol{v}'}{dt}(0)=\boldsymbol{w}'$ とする. $\varphi_t\psi_s=\psi_s\varphi_t$ となるための必要十分条件を, $B,\boldsymbol{w},B',\boldsymbol{w}'$ を用いて表わせ.

3 ハミルトン系と微分形式

第2章で学んだ微分形式を用いてハミルトン系を考察するのが，この章の目的である．ハミルトン系については，ラプラス，ラグランジュの頃から始まり，20世紀にいたるまで多くの研究がなされている．最初の3つの節でその一部を紹介する．§3.4ではこれを曲面の測地線(与えられた2点を結ぶ長さが一番短い線)の研究に応用する．§3.5では，ハミルトン系の重要で面白い例である，コマ，すなわち1点に固定された剛体の運動を調べる．

§3.1 正準変換

微分方程式を解くのに有用なのが変数変換である．§2.1では自励系，つまりベクトル場一般の変数変換を考えた．ハミルトン系に対しては，ハミルトン系の性質を保った変数変換を考える．これが正準変換である．

(a) 正準変換

$2n$ 次元のユークリッド空間 $\mathbb{R}^{2n}$ を考え，その座標を $q^1,\cdots,q^n,p^1,\cdots,p^n$ としよう．$H(q^1,\cdots,q^n,p^1,\cdots,p^n)$ をこれら $2n$ 個の変数の関数とする．H をハミルトニアンとするハミルトン方程式(1.37)を考えよう．**ハミルトン・ベクトル場** $\boldsymbol{X}_H$ を

$$\boldsymbol{X}_H = \sum_{i=1}^{n} \left(\frac{\partial H}{\partial q^i} \frac{\partial}{\partial p^i} - \frac{\partial H}{\partial p^i} \frac{\partial}{\partial q^i} \right) \tag{3.1}$$

で定義する．$\mathbb{R}^{2n}$ の領域 U から $\mathbb{R}^{2n}$ の領域 V への可微分同相写像 $\boldsymbol{\Phi}$ が与えられているとする．$\boldsymbol{\Phi}$ の値域の方の座標を $Q^1, \cdots, Q^n, P^1, \cdots, P^n$ とする．以下，$\boldsymbol{Q} = (Q^1, \cdots, Q^n)$，$\boldsymbol{P} = (P^1, \cdots, P^n)$，$\boldsymbol{q} = (q^1, \cdots, q^n)$，$\boldsymbol{p} = (p^1, \cdots, p^n)$ とおく．V 上の関数 $H(\boldsymbol{Q}, \boldsymbol{P})$ に対して，これと $\boldsymbol{\Phi}$ の合成を $H(\boldsymbol{q}, \boldsymbol{p})$ と書く．

問題 3.1　$H(\boldsymbol{Q}, \boldsymbol{P})$ が定めるハミルトン・ベクトル場と，$H(\boldsymbol{q}, \boldsymbol{p})$ が定めるハミルトン・ベクトル場が，$\boldsymbol{\Phi}$ で写りあうのはどのような場合であろうか．すなわち

$$\boldsymbol{\Phi}_* \boldsymbol{X}_{H(\boldsymbol{q}, \boldsymbol{p})} = \boldsymbol{X}_{H(\boldsymbol{Q}, \boldsymbol{P})} \tag{3.2}$$

となるのはどのような場合だろうか．□

この問題は，ハミルトン方程式(1.37)を解くとき，どのような変数変換が許されるかという問題とみなせる．

問 1　(3.2)を成分で表わせ．

問題 3.1 の解答は次の定理 3.2 で与えられる．U 上の微分 2 形式 ω および V 上の微分 2 形式 Ω を次の式で定義する．これを**シンプレクティック形式**(symplectic form)と呼ぶ．

$$\omega = \sum_i dp^i \wedge dq^i, \quad \Omega = \sum_i dP^i \wedge dQ^i .$$

定理 3.2　$\Phi^* \Omega = \omega$ ならば(3.2)が成立する．□

定理 3.2 の証明が以下この項の目的である．そのために，微分形式とベクトル場の**内部積**(interior product) $i_{\boldsymbol{X}} u$ という操作を定義する．

計算規則 3.3

(i)　$\boldsymbol{X} = \dfrac{\partial}{\partial x^j}$，$u = dx^{i_1} \wedge \cdots \wedge dx^{i_k}$ の場合は

$$i_{\boldsymbol{X}}(u) = \begin{cases} (-1)^{m-1} dx^{i_1} \wedge \cdots \wedge dx^{i_{m-1}} \wedge dx^{i_{m+1}} \wedge \cdots \wedge dx^{i_k} & (j = i_m) \\ 0 \quad (\text{どの } m \text{ に対しても } j \neq i_m) \end{cases}$$

すなわち，u が dx^j を含んでいれば，それを一番前にもっていって消す．もし含んでいなければ 0.

（ii）　$i_{\boldsymbol{X}}(u)$ に対して分配法則が成り立つ．つまり

$$i_{\boldsymbol{X}_1+\boldsymbol{X}_2}(u)=i_{\boldsymbol{X}_1}(u)+i_{\boldsymbol{X}_2}(u),$$
$$i_{\boldsymbol{X}}(u_1+u_2)=i_{\boldsymbol{X}}(u_1)+i_{\boldsymbol{X}}(u_2).$$

（iii）　$i_{f\boldsymbol{X}}(u)=i_{\boldsymbol{X}}(fu)=fi_{\boldsymbol{X}}(u)$.　□

この 3 つの規則を用いて，$i_{\boldsymbol{X}}(u)$ を計算できる．

例題 3.4

$$i_{\left(x^1\frac{\partial}{\partial x^1}+\frac{\partial}{\partial x^3}\right)}(dx^1\wedge dx^2+dx^2\wedge dx^3)$$

を計算せよ．

［解］

$$\begin{aligned}
&i_{\left(x^1\frac{\partial}{\partial x^1}+\frac{\partial}{\partial x^3}\right)}(dx^1\wedge dx^2+dx^2\wedge dx^3)\\
&=x^1 i_{\frac{\partial}{\partial x^1}}(dx^1\wedge dx^2+dx^2\wedge dx^3)+i_{\frac{\partial}{\partial x^3}}(dx^1\wedge dx^2+dx^2\wedge dx^3)\\
&=x^1dx^2+0+0-dx^2\\
&=(x^1-1)dx^2.
\end{aligned}$$
■

補題 3.5　$\boldsymbol{X}$ をベクトル場，u を微分 k 形式，v を微分 l 形式とすると，次の式が成り立つ．

$$i_{\boldsymbol{X}}(u\wedge v)=i_{\boldsymbol{X}}(u)\wedge v+(-1)^k u\wedge i_{\boldsymbol{X}}(v).$$

［証明］　計算規則 3.3(ii),(iii) を用いれば，$\boldsymbol{X}=\dfrac{\partial}{\partial x^j}$，$u=dx^{i_1}\wedge\cdots\wedge dx^{i_k}$，$v=dx^{j_1}\wedge\cdots\wedge dx^{j_l}$ の場合のみ証明すればよい．この場合は計算規則 3.3(i) より明らかである．■

内部積の大切な性質に座標変換不変性がある．つまり

補題 3.6　$\Phi\colon U\to V$ を可微分同相写像，$\boldsymbol{X}$ を U 上のベクトル場，u を V 上の微分形式とすると，次の式が成り立つ．

$$\Phi^* i_{\Phi_*\boldsymbol{X}}(u)=i_{\boldsymbol{X}}(\Phi^* u).$$

［証明］　V の座標を $y^1,\cdots,y^n$，U の座標を $x^1,\cdots,x^n$ とし，$\Phi(x^1,\cdots,x^n)=$

$(y^1, \cdots, y^n)$ と書こう．計算規則 3.3(ii),(iii)および，補題 2.4，補題 2.24 より，$\boldsymbol{X} = \dfrac{\partial}{\partial x^j}$，$u = dy^{i_1} \wedge \cdots \wedge dy^{i_k}$ の場合にのみ，証明すれば十分である．その場合の証明は，k についての数学的帰納法で行なう．

$k=1$ の場合は

$$i_{\boldsymbol{X}}(\Phi^* u) = i_{\frac{\partial}{\partial x^j}}(dy^i) = i_{\frac{\partial}{\partial x^j}}\left(\sum_{l=1}^{n} \frac{\partial y^i}{\partial x^l} dx^l\right) = \frac{\partial y^i}{\partial x^j}$$

および

$$\Phi^* i_{\Phi_* \boldsymbol{X}}(u) = \Phi^* i_{\sum_{l=1}^{n} \frac{\partial y^l}{\partial x^j} \frac{\partial}{\partial y^l}}(dy^i) = \Phi^* \sum_{l=1}^{n} \frac{\partial y^l}{\partial x^j} i_{\frac{\partial}{\partial y^l}}(dy^i) = \frac{\partial y^i}{\partial x^j}$$

より正しい．$k-1$ まで正しいとすると，k の場合は

$$\begin{aligned}
i_{\boldsymbol{X}}(\Phi^* u) &= i_{\frac{\partial}{\partial x^j}}(\Phi^*(dy^{i_1} \wedge \cdots \wedge dy^{i_k})) \\
&= i_{\frac{\partial}{\partial x^j}}(\Phi^*(dy^{i_1})) \wedge \Phi^*(dy^{i_2} \wedge \cdots \wedge dy^{i_k}) \\
&\quad - \Phi^*(dy^{i_1}) \wedge i_{\frac{\partial}{\partial x^j}}(\Phi^*(dy^{i_2} \wedge \cdots \wedge dy^{i_k})) \\
&= \Phi^*\left(i_{\Phi_* \frac{\partial}{\partial x^j}}(dy^{i_1})\right) \wedge \Phi^*(dy^{i_2} \wedge \cdots \wedge dy^{i_k}) \\
&\quad - \Phi^*(dy^{i_1}) \wedge \Phi^*\left(i_{\Phi_* \frac{\partial}{\partial x^j}}(dy^{i_2} \wedge \cdots \wedge dy^{i_k})\right) \\
&= \Phi^*\Big(i_{\Phi_* \frac{\partial}{\partial x^j}}(dy^{i_1}) \wedge (dy^{i_2} \wedge \cdots \wedge dy^{i_k}) \\
&\quad - dy^{i_1} \wedge i_{\Phi_* \frac{\partial}{\partial x^j}}(dy^{i_2} \wedge \cdots \wedge dy^{i_k})\Big) \\
&= \Phi^*\left(i_{\Phi_* \frac{\partial}{\partial x^j}}(dy^{i_1} \wedge \cdots \wedge dy^{i_k})\right)
\end{aligned}$$

となって証明される．ここで，2 番目および 5 番目の等号では補題 3.5 を，3 番目と 4 番目の等号では帰納法の仮定を用いた．∎

さて定理 3.2 の証明に戻ろう．$\omega = \sum_i dp^i \wedge dq^i$ とし，$H(q^1, \cdots, q^n, p^1, \cdots, p^n)$ を関数とする．ハミルトン・ベクトル場と ω の関係は次の通りである．

補題 3.7　ベクトル場 $\boldsymbol{X}$ に対して，次の(i),(ii)は同値である．

(i)　$i_{\boldsymbol{X}}(\omega) = dH$．

（ii）　$\boldsymbol{X}$ は(3.1)で与えられるハミルトン・ベクトル場 $\boldsymbol{X}_H$ に一致する.

［証明］　$\boldsymbol{X}=-\sum_{i=1}^{n} X^i \dfrac{\partial}{\partial q^i}+\sum_{i=1}^{n} X^{n+i}\dfrac{\partial}{\partial p^i}$ とおく．$i_{\frac{\partial}{\partial q^i}}(\omega)=-dp^i$, $i_{\frac{\partial}{\partial p^i}}(\omega)=dq^i$ ゆえ

$$i_{\boldsymbol{X}}(\omega)=-\sum_{i=1}^{n} X^i i_{\frac{\partial}{\partial q^i}}(\omega)+\sum_{i=1}^{n} X^{n+i} i_{\frac{\partial}{\partial p^i}}(\omega)=\sum_{i=1}^{n} X^i dp^i+\sum_{i=1}^{n} X^{n+i}dq^i.$$

よって(i)は

$$\begin{cases} X^i=\dfrac{\partial H}{\partial p^i} \\ X^{n+i}=\dfrac{\partial H}{\partial q^i} \end{cases}$$

と同値である．(3.1)より，これは(ii)と同値である．∎

［定理3.2の証明］　補題3.7より $i_{\boldsymbol{X}_{H(\boldsymbol{q},\boldsymbol{p})}}(\omega)=dH$. よって，補題3.6より

$$\Phi^*\big(i_{\Phi_*\boldsymbol{X}_{H(\boldsymbol{q},\boldsymbol{p})}}\Omega\big)=i_{\boldsymbol{X}_{H(\boldsymbol{q},\boldsymbol{p})}}(\Phi^*\Omega)=i_{\boldsymbol{X}_{H(\boldsymbol{q},\boldsymbol{p})}}(\omega)=dH,$$

すなわち $i_{\Phi_*\boldsymbol{X}_{H(\boldsymbol{q},\boldsymbol{p})}}\Omega=dH$. （この計算で，$\Phi^*dH$ と dH を同じ記号で表わした.）よって再び補題3.7より，$\Phi_*\boldsymbol{X}_{H(\boldsymbol{q},\boldsymbol{p})}=\boldsymbol{X}_{H(\boldsymbol{Q},\boldsymbol{P})}$. ∎

定義3.8　$\Phi^*\Omega=\omega$ をみたす変換 Φ のことを**正準変換**(canonical transformation)と呼ぶ.　□

(b)　正準変換の作り方(1)——点変換

$(\boldsymbol{Q},\boldsymbol{P})=\Phi(\boldsymbol{q},\boldsymbol{p})$ で，$\boldsymbol{Q}$ が $\boldsymbol{q}$ だけにより，$\boldsymbol{p}$ によらないような場合を考える．このような正準変換 Φ をすべて求めよう．$\Phi^*\Omega=\omega$ を成分で表わすと，

$$\sum_i \frac{\partial P^i}{\partial p^j}\frac{\partial Q^i}{\partial p^k}-\sum_i \frac{\partial Q^i}{\partial p^j}\frac{\partial P^i}{\partial p^k}=0, \tag{3.3}$$

$$\sum_i \frac{\partial P^i}{\partial q^j}\frac{\partial Q^i}{\partial q^k}-\sum_i \frac{\partial Q^i}{\partial q^j}\frac{\partial P^i}{\partial q^k}=0, \tag{3.4}$$

$$\sum_i \frac{\partial P^i}{\partial p^j}\frac{\partial Q^i}{\partial q^k}-\sum_i \frac{\partial Q^i}{\partial p^j}\frac{\partial P^i}{\partial q^k}=\delta_{jk} \tag{3.5}$$

が得られる．δ_{jk} は次の式で与えられる**クロネッカーのデルタ**(Kronecker's delta)である．

$$\delta_{jk} = \begin{cases} 1 & j = k \\ 0 & j \neq k \end{cases}$$

Φ のヤコビ行列 $D\Phi$ を考えよう．これを4つの $n\times n$ 行列のブロックに分け，

$$(D\Phi)_{11} = \left(\frac{\partial Q^i}{\partial q^j}\right), \quad (D\Phi)_{12} = \left(\frac{\partial Q^i}{\partial p^j}\right),$$
$$(D\Phi)_{21} = \left(\frac{\partial P^i}{\partial q^j}\right), \quad (D\Phi)_{22} = \left(\frac{\partial P^i}{\partial p^j}\right)$$

と表わす．

仮定より，Φ は $\boldsymbol{Q}=\boldsymbol{Q}(\boldsymbol{q})$，$\boldsymbol{P}=\boldsymbol{P}(\boldsymbol{q},\boldsymbol{p})$ と表わせる．(3.5)を行列で表わすと ${}^tD\Phi_{11}D\Phi_{22}=I$ である(^{t} は転置行列を，また I は単位行列を表わした)．

$\boldsymbol{q}$ を1つ固定し，$\boldsymbol{p}$ を $\boldsymbol{P}=\boldsymbol{P}(\boldsymbol{q},\boldsymbol{p})$ に写す写像を考えよう．この写像のヤコビ行列は $D\Phi_{22}(\boldsymbol{q},\boldsymbol{p})={}^tD\Phi_{11}^{-1}(\boldsymbol{q},\boldsymbol{p})$ であるが，$D\Phi_{11}(\boldsymbol{q},\boldsymbol{p})$ は写像 $\boldsymbol{Q}=\boldsymbol{Q}(\boldsymbol{q})$ のヤコビ行列である．したがって $D\Phi_{11}(\boldsymbol{q},\boldsymbol{p})$ は $\boldsymbol{p}$ によらない．よって $D\Phi_{22}(\boldsymbol{q},\boldsymbol{p})$ は $\boldsymbol{p}$ によらない．よって $\boldsymbol{p}$ を $\boldsymbol{P}=\boldsymbol{P}(\boldsymbol{q},\boldsymbol{p})$ に写す写像は1次変換でなければならない．すなわち

$$\boldsymbol{P}(\boldsymbol{q},\boldsymbol{p}) = {}^tD\boldsymbol{Q}(\boldsymbol{q})^{-1}\boldsymbol{p}+\boldsymbol{v}(\boldsymbol{q}) \tag{3.6}$$

と表わされる．$\boldsymbol{v}(\boldsymbol{q})$ がみたすべき条件は後で考えることにして，とりあえず $\boldsymbol{v}(\boldsymbol{q})=\boldsymbol{0}$ の場合を考える．すなわち

$$\begin{cases} \boldsymbol{Q}(\boldsymbol{q},\boldsymbol{p}) = \boldsymbol{Q}(\boldsymbol{q}) \\ \boldsymbol{P}(\boldsymbol{q},\boldsymbol{p}) = {}^tD\boldsymbol{Q}(\boldsymbol{q})^{-1}\boldsymbol{p} \end{cases} \tag{3.7}$$

を考えよう．

定義 3.9　(3.7)の形の変換を**点変換**と呼ぶ．　□

補題 3.10　点変換は正準変換である．

[証明]　(3.7)を用いて，定義に従って計算すると

$$\sum_i dP^i \wedge dQ^i = \sum_i \left(\sum_j \frac{\partial q^j}{\partial Q^i} dp^j + \sum_{j,k} \frac{\partial^2 q^j}{\partial q^k \partial Q^i} p^j dq^k \right) \wedge \left(\sum_j \frac{\partial Q^i}{\partial q^j} dq^j \right)$$
$$= \sum_{i,j,k} \frac{\partial q^k}{\partial Q^i} dp^k \wedge \frac{\partial Q^i}{\partial q^j} dq^j + \sum_{i,j,k,l} \frac{\partial Q^i}{\partial q^l} \frac{\partial^2 q^j}{\partial q^k \partial Q^i} p^j dq^k \wedge dq^l \tag{3.8}$$

であるが，(3.8)の右辺第1項は $\sum_i dp^i \wedge dq^i$ である．第2項を計算すると

$$\sum_i \left(\frac{\partial Q^i}{\partial q^l} \frac{\partial^2 q^j}{\partial q^k \partial Q^i} - \frac{\partial Q^i}{\partial q^k} \frac{\partial^2 q^j}{\partial q^l \partial Q^i} \right)$$
$$= \frac{\partial}{\partial q^k} \left(\sum_i \frac{\partial Q^i}{\partial q^l} \frac{\partial q^j}{\partial Q^i} \right) - \frac{\partial}{\partial q^l} \left(\sum_i \frac{\partial Q^i}{\partial q^k} \frac{\partial q^j}{\partial Q^i} \right) = 0 .$$

よって第2項は0である． ∎

問2　$(\boldsymbol{Q}, \boldsymbol{P})$ と $(\boldsymbol{q}, \boldsymbol{p})$ が点変換で結びついていることと，$\sum_i P^i dQ^i = \sum_i p^i dq^i$ が同値であることを示せ．

例3.11　2次元の場合を考えよう．この例では座標の添字を下に書く．(q_1, q_2) を $(Q_1, Q_2) = (q_1 \cos q_2, q_1 \sin q_2)$ に写す変換(極座標)を考えよう．このとき(3.7)は

$$\begin{cases} P_1 = p_1 \cos q_2 - \dfrac{p_2 \sin q_2}{q_1} \\ P_2 = p_1 \sin q_2 + \dfrac{p_2 \cos q_2}{q_1} \end{cases}$$

である．中心力場のハミルトニアン $H(\boldsymbol{Q}, \boldsymbol{P}) = -K\left(\sqrt{Q_1^2 + Q_2^2}\right) + \dfrac{P_1^2 + P_2^2}{2}$ に対してこの変換を行なうと

$$H(\boldsymbol{q}, \boldsymbol{p}) = -K(q_1) + \frac{p_1^2}{2} + \frac{p_2^2}{2q_1^2} \tag{3.9}$$

である．$H(\boldsymbol{q}, \boldsymbol{p})$ は q_2 を含まないから，$\dfrac{dp_2}{dt} = -\dfrac{\partial H}{\partial q_2} = 0$．よって p_2 は定数である．したがって(3.9)を p_1, q_1 についてのハミルトニアンとみなして解くことができる．すなわち積分曲線は(C_1, C_2 を定数として)

$$\begin{cases} p_2 = C_1 \\ -K(q_1) + \dfrac{p_1^2}{2} + \dfrac{C_1^2}{2q_1^2} = C_2 \end{cases}$$

で表わされる曲面に含まれる．□

$(\boldsymbol{Q},\boldsymbol{P})=\Phi(\boldsymbol{q},\boldsymbol{p})$ なる，$\boldsymbol{Q}$ が $\boldsymbol{q}$ だけにより $\boldsymbol{p}$ によらないような正準変換一般を再び考えよう．この変換に点変換を合成すれば，$\boldsymbol{Q}=\boldsymbol{q}$ である正準変換が得られる．計算を簡単にするため，$\boldsymbol{Q}=\boldsymbol{q}$ である場合だけを考えよう．(3.6)よりこの場合は

$$\begin{cases} \boldsymbol{Q}(\boldsymbol{q},\boldsymbol{p}) = \boldsymbol{q} \\ \boldsymbol{P}(\boldsymbol{q},\boldsymbol{p}) = \boldsymbol{p}+\boldsymbol{v}(\boldsymbol{q}) \end{cases} \tag{3.10}$$

である．$\boldsymbol{v}(\boldsymbol{q})=(v^1(\boldsymbol{q}),\cdots,v^n(\boldsymbol{q}))$ と表わす．

補題 3.12　(3.10)の変換が正準変換であるための必要十分条件は，$\dfrac{\partial v^i}{\partial q^j}=\dfrac{\partial v^j}{\partial q^i}$ である．

［証明］　定義に従って計算すると

$$\begin{aligned} \sum_i dP^i \wedge dQ^i &= \sum_i \left(dp^i + \sum_j \frac{\partial v^i}{\partial q^j} dq^j \right) \wedge dq^i \\ &= \sum_i dp^i \wedge dq^i + \sum_{i<j} \left(\frac{\partial v^j}{\partial q^i} - \frac{\partial v^i}{\partial q^j} \right) dq^i \wedge dq^j . \end{aligned}$$

これから補題はただちに得られる．■

以上より次の定理が得られたことになる．

定理 3.13　$\boldsymbol{Q}$ が $\boldsymbol{q}$ だけにより $\boldsymbol{p}$ によらないような正準変換は，点変換と，$\dfrac{\partial v^i}{\partial q^j}=\dfrac{\partial v^j}{\partial q^i}$ なる $\boldsymbol{v}(\boldsymbol{q})=(v^1(\boldsymbol{q}),\cdots,v^n(\boldsymbol{q}))$ に対する(3.10)の変換の合成である．□

第1章で考えた例では，$\boldsymbol{q}$ は物体の位置，$\boldsymbol{p}$ は速度または運動量であった．定理 3.13 は位置を変換したとき，速度の方をどう変換すればハミルトン系がハミルトン系に写されるかを示している．

(c) 正準変換の作り方(2)—生成関数

(b)では $\boldsymbol{q}$ は $\boldsymbol{Q}$ だけ，つまり位置は位置だけで写る変換を考えた．しかし正準変換の強力なところは，それだけでなく位置と速度(運動量)をごっちゃにして変換できるところである．そのような変換をどのようにして構成したらよいであろうか．そのための方法が**生成関数**(generating function)と呼ばれるものを用いる方法である．

$\Phi(\boldsymbol{q},\boldsymbol{p})=(\boldsymbol{Q},\boldsymbol{P})$ なる変換 $\Phi\colon U\to V$ を考えよう．U 上の $2n$ 個の関数 q^i $(i=1,\cdots,n)$, Q^i $(i=1,\cdots,n)$ を考えよう．これらは U から $\mathbb{R}^{2n}$ への写像を与える(以下，しばしば Φ で U と V を同一視し，V 上の関数 f に対して $f\circ\Phi$ を単に f と書く)．これをまとめて $(\boldsymbol{q},\boldsymbol{Q})$ と書く．

条件 3.14 $(\boldsymbol{q},\boldsymbol{Q})$ は可微分同相写像である． □

この条件をみたすような正準変換 $\Phi\colon U\to V$ を求めよう．Φ が正準変換であるという条件 $\Phi^*\Omega=\omega$ は

$$\sum_i dp^i\wedge dq^i=\sum_i dP^i\wedge dQ^i \tag{3.11}$$

と表わされる．ここで微分1形式 $\sum_i p^i dq^i-P^i dQ^i$ を考えると，(3.11)は

$$d\sum_i(p^i dq^i-P^i dQ^i)=0 \tag{3.12}$$

と同値である．ここで U を単連結と仮定すると，(3.12)は

$$dS=\sum_i(p^i dq^i-P^i dQ^i) \tag{3.13}$$

なる関数 S が存在することと同値である(定理2.31)．さて，ここで条件3.14を用いると，U の座標として q^i $(i=1,\cdots,n)$, Q^i $(i=1,\cdots,n)$ を選ぶことができる．これを用いて(3.13)を書き換えると，次の式が得られる．

$$\frac{\partial S}{\partial q^i}=p^i,\quad \frac{\partial S}{\partial Q^i}=P^i. \tag{3.14}$$

注意 3.15 (3.14)の偏微分記号は注意を要する．つまり左辺，例えば $\dfrac{\partial S}{\partial q^i}$ は，Q^j と q^j $(j\neq i)$ を止めて S を q^i で偏微分したものである．これは p^j と q^j $(j\neq i)$

を止めて，S を q^i で偏微分したものとは異なる．すなわち座標のとり方に依存した式である．これに対して(3.13)は(3.14)と同値な式であるが，座標のとり方によらない意味をもつ．

以上で我々は次のことを証明した．

定理 3.16　条件 3.14 をみたす変換 $\Phi\colon U \to V$ が正準変換であるための必要十分条件は，(3.13)(あるいは同値であるが(3.14))をみたす関数 S が存在することである．　□

定義 3.17　(3.13)をみたす S のことを，正準変換 Φ の**生成関数**と呼ぶ．(**母関数**と呼ばれることもある．)　□

(d)　変分原理と正準変換

これまでの議論を§1.5(d)の変分原理を使って再構成しよう．この節では時間に依存するハミルトニアン $H(\boldsymbol{q},\boldsymbol{p},t)$ を考える．

ハミルトンの汎関数 $\mathcal{H}(\boldsymbol{q}(t),\boldsymbol{p}(t))$ を微分形式を用いて表わそう．$U\times[0,1]$ 上の微分 1 形式

$$\Theta_{H(\boldsymbol{q},\boldsymbol{p},t)} = \sum_i p^i dq^i - H(\boldsymbol{q},\boldsymbol{p},t)dt$$

を考える．(ここで $U\times[0,1]$ とは $(\boldsymbol{q},\boldsymbol{p})\in U$ と $t\in[0,1]$ に対する $(\boldsymbol{q},\boldsymbol{p},t)$ 全体を指し，$2n+1$ 次元空間の部分集合である．) $(\boldsymbol{q}(t),\boldsymbol{p}(t))\in \Omega(0,1;U)$ に対して，t に $(\boldsymbol{q}(t),\boldsymbol{p}(t),t)$ を対応させる $U\times[0,1]$ の道 $\boldsymbol{l}$ をとる．

補題 3.18

$$\int \boldsymbol{l}^*\Theta_{H(\boldsymbol{q},\boldsymbol{p},t)} = \mathcal{H}(\boldsymbol{q}(t),\boldsymbol{p}(t))\,.$$

[証明]

$$\begin{aligned}\int \boldsymbol{l}^*\Theta_{H(\boldsymbol{q},\boldsymbol{p},t)} &= \sum_i \int p^i(t)\boldsymbol{l}^*dq^i - \int H(\boldsymbol{q},\boldsymbol{p},t)dt \\ &= \int_0^1 (\boldsymbol{p}(t)\cdot\dot{\boldsymbol{q}}(t) - H(\boldsymbol{q}(t),\boldsymbol{p}(t),t))dt\end{aligned}$$

$$= \mathcal{H}(\boldsymbol{q}(t), \boldsymbol{p}(t)). \qquad \blacksquare$$

ハミルトン方程式の座標変換による変換性を論ずるには，ハミルトンの汎関数 $\mathcal{H}(\boldsymbol{q}(t), \boldsymbol{p}(t))$ の座標変換に関する変換性を調べればよい．それには補題3.18により微分形式の積分の座標変換に関する不変性が使える．

$\widetilde{\Phi}(\boldsymbol{q}, \boldsymbol{p}, t) = (\boldsymbol{Q}(\boldsymbol{q}, \boldsymbol{p}, t), \boldsymbol{P}(\boldsymbol{q}, \boldsymbol{p}, t), t)$ なる変換を考えよう．これは $\Phi_t(\boldsymbol{q}, \boldsymbol{p}) = (\boldsymbol{Q}(\boldsymbol{q}, \boldsymbol{p}, t), \boldsymbol{P}(\boldsymbol{q}, \boldsymbol{p}, t))$ なる，時間 t に依存する写像の族を集めたものである．

$H'(\boldsymbol{Q}, \boldsymbol{P}, t)$ を $V \times [0,1]$ 上の関数とする．以後ハミルトニアンを明示するため，$\mathcal{H}(\boldsymbol{q}(t), \boldsymbol{p}(t))$ の代わりに $\mathcal{H}_H(\boldsymbol{q}(t), \boldsymbol{p}(t))$ と書く．$(\boldsymbol{Q}(t), \boldsymbol{P}(t), t) = \widetilde{\Phi}(\boldsymbol{q}(t), \boldsymbol{p}(t), t)$ である場合に，$\mathcal{H}_H(\boldsymbol{q}(t), \boldsymbol{p}(t))$ と $\mathcal{H}_{H'}(\boldsymbol{Q}(t), \boldsymbol{P}(t))$ を比べよう．

$$\Theta_{H'(\boldsymbol{Q}, \boldsymbol{P}, t)} = \sum_i P^i dQ^i - H'(\boldsymbol{Q}, \boldsymbol{P}, t)dt$$

とおく．時間に依存する変換に対する生成関数を次のように定義する．

定義 3.19 $S(\boldsymbol{q}, \boldsymbol{Q}, t)$ が変換 $\widetilde{\Phi}(\boldsymbol{q}, \boldsymbol{p}, t) = (\boldsymbol{Q}(\boldsymbol{q}, \boldsymbol{p}, t), \boldsymbol{P}(\boldsymbol{q}, \boldsymbol{p}, t), t)$ の生成関数であるとは，$S_t(\boldsymbol{q}, \boldsymbol{Q}) = S(\boldsymbol{q}, \boldsymbol{Q}, t)$ が，各々の t に対して，$\Phi_t(\boldsymbol{q}, \boldsymbol{p})$ の生成関数であることを指す．式で書くと，

$$\sum_i p^i dq^i - \widetilde{\Phi}^*\left(\sum_i P^i dQ^i\right) = dS_t. \tag{3.15}$$

成分で表わすと

$$\frac{\partial S}{\partial q^i} = p^i, \quad \frac{\partial S}{\partial Q^i} = P^i \tag{3.16}$$

(3.16)をみたす S は(U が単連結ならば)必ず存在する．(3.16)より

$$\sum_i p^i dq^i - \widetilde{\Phi}^*\left(\sum_i P^i dQ^i\right) = dS - \frac{\partial S}{\partial t}dt \tag{3.17}$$

なる $U \times [0,1]$ 上の微分1形式の間の等号が成り立つ．((3.15)は U 上の微分1形式の間の等号である．)

注意 3.20 (3.17)の偏微分記号 $\dfrac{\partial}{\partial t}$ は，$\boldsymbol{q}, \boldsymbol{Q}$ を止めて t で微分することを指す．$\boldsymbol{q}, \boldsymbol{p}$ から $\boldsymbol{Q}$ への変換には時間が含まれるから，この注意が必要である．また(3.16)の偏微分記号 $\dfrac{\partial}{\partial q^i}$ は t, q^j $(j \neq i), Q^j$ を止めて，q^i について偏微分する

ことを指す．このたぐいの注意を考えていくと，だんだんこんがらがってきて，それを考える必要のない，微分形式のありがたみがわかるはずである．

さて $S(\boldsymbol{q},\boldsymbol{Q},t)$ が変換 $\widetilde{\Phi}(\boldsymbol{q},\boldsymbol{p},t)=(\boldsymbol{Q}(\boldsymbol{q},\boldsymbol{p},t),\boldsymbol{P}(\boldsymbol{q},\boldsymbol{p},t),t)$ の生成関数とする．(3.17)と補題3.18より

$$\begin{aligned}
&\mathcal{H}_{H'}(\boldsymbol{Q}(t),\boldsymbol{P}(t))\\
&=\int \boldsymbol{l}^*\Phi^*\Theta_{H'(\boldsymbol{Q},\boldsymbol{P},t)}\\
&=\int \boldsymbol{l}^*\Big(\sum_i p^i dq^i - dS\Big)-\int\Big(H'(\boldsymbol{Q}(t),\boldsymbol{P}(t),t)-\frac{\partial S}{\partial t}(\boldsymbol{q},\boldsymbol{p},t)\Big)dt\\
&=\int \boldsymbol{l}^*\Theta_{H'(\boldsymbol{q},\boldsymbol{p},t)-\frac{\partial S}{\partial t}}-S(\boldsymbol{l}(1),1)+S(\boldsymbol{l}(0),0).
\end{aligned}\tag{3.18}$$

(3.18)より次を得る．

補題 3.21

$$H=H'\circ\widetilde{\Phi}-\frac{\partial S}{\partial t}\tag{3.19}$$

ならば，

$$\mathcal{H}_H(\boldsymbol{q}(t),\boldsymbol{p}(t))-S(\boldsymbol{q}(1),\boldsymbol{p}(1),1)+S(\boldsymbol{q}(0),\boldsymbol{p}(0),0)=\mathcal{H}_{H'}(\boldsymbol{Q}(t),\boldsymbol{P}(t)).\quad\square$$

$-S(\boldsymbol{q}(1),\boldsymbol{p}(1),1)+S(\boldsymbol{q}(0),\boldsymbol{p}(0),0)$ は両端 $(\boldsymbol{q}(1),\boldsymbol{p}(1))$ と $(\boldsymbol{q}(0),\boldsymbol{p}(0))$ でのみ決まる．したがって，定理1.29で考えたような，$(\Delta\boldsymbol{q}(0),\Delta\boldsymbol{p}(0))=(\Delta\boldsymbol{q}(1),\Delta\boldsymbol{p}(1))=\boldsymbol{0}$ なる変分を考える限り，この項は無視してよい．よって補題3.21と定理1.29より，次の定理が得られる．

定理 3.22　$S(\boldsymbol{q},\boldsymbol{Q},t)$ を変換 $\widetilde{\Phi}(\boldsymbol{q},\boldsymbol{p},t)=(\boldsymbol{Q}(\boldsymbol{q},\boldsymbol{p},t),\boldsymbol{P}(\boldsymbol{q},\boldsymbol{p},t),t)$ の生成関数とし，ハミルトニアン H' と H が式(3.19)で結びついているとする．

このとき $(\boldsymbol{q}(t),\boldsymbol{p}(t))$ が H に関するハミルトン方程式(1.37)の解であることと，$(\boldsymbol{Q}(t),\boldsymbol{P}(t))=\widetilde{\Phi}(\boldsymbol{q}(t),\boldsymbol{p}(t),t)$ が H' に関するハミルトン方程式の解であることは同値である．　□

注意3.20を考えて座標不変に表示すると，定理3.22の仮定は

$$\sum_i p^i dq^i - H dt = \sum_i P^i dQ^i - H' dt + dS\tag{3.20}$$

である．(3.20)は $2n+1$ 次元空間の微分形式の間の等式で，座標によらない式である(§2.2(e)参照)．

(e) ハミルトン-ヤコビの方法

定理3.22を用いてハミルトン方程式の解を求めることを考えよう．すなわち生成関数をうまく選んで，対応する正準変換で方程式がやさしくなるようにしたい．

一番単純な場合は，ハミルトニアンが P^i を含まない場合である．なぜならこの場合は積分曲線上で Q^i が定数になってしまうから．

定義3.23 ハミルトニアンが P^i を含まないとき，$\boldsymbol{Q}$ を**巡回座標**(circular coordinate)という． □

さて，母関数 $S(\boldsymbol{q},\boldsymbol{Q},t)$ による正準変換で得られた座標系 $(\boldsymbol{Q},\boldsymbol{P})$ が巡回座標である必要十分条件を求めよう．ハミルトニアン $H(\boldsymbol{q},\boldsymbol{p},t)$ は定理3.22より

$$H'(\boldsymbol{Q},\boldsymbol{P},t)=H(\boldsymbol{q},\boldsymbol{p},t)+\frac{\partial S}{\partial t} \tag{3.21}$$

に変換される．(3.21)の左辺が $\boldsymbol{Q}$ たちと t だけの関数であるというのが，座標系 $(\boldsymbol{Q},\boldsymbol{P})$ が巡回座標であるための条件であった．この関数を $\boldsymbol{K}(\boldsymbol{Q},t)$ とすると，このような生成関数のみたすべき条件は次の(3.22)である．

$$H(\boldsymbol{q},\boldsymbol{p},t)+\frac{\partial S}{\partial t}=K(\boldsymbol{Q},t). \tag{3.22}$$

$\dfrac{\partial S}{\partial q^i}=p^i$ を代入すると

$$H\left(q^1,\cdots,q^n,\frac{\partial S}{\partial q^1},\cdots,\frac{\partial S}{\partial q^n},t\right)+\frac{\partial S}{\partial t}(q^1,\cdots,q^n,Q^1,\cdots,Q^n,t)=K(\boldsymbol{Q},t). \tag{3.23}$$

S は $2n+1$ 個の変数 $q^1,\cdots,q^n,Q^1,\cdots,Q^n,t$ の関数であるが，(3.23)では $Q^1,\cdots,Q^n$ での微分は出てこないので，(3.23)は $q^1,\cdots,q^n,t$ を変数とする，未知関数 S に対する偏微分方程式の，$Q^1,\cdots,Q^n$ をパラメータとする族とみなせる．この方程式を**ハミルトン-ヤコビ方程式**という．

とくに H, S が t に依存しない場合は(3.23)は次の方程式である．

$$H\left(q^1, \cdots, q^n, \frac{\partial S}{\partial q^1}, \cdots, \frac{\partial S}{\partial q^n}\right) = K(\boldsymbol{Q}). \tag{3.24}$$

さて(3.23)または(3.24)の解の，$Q^1, \cdots, Q^n$ に依存した族，$S(q^1, \cdots, q^n, Q^1, \cdots, Q^n, t)$ があったとしよう．これを生成関数とする正準変換 $(\boldsymbol{Q}(t), \boldsymbol{P}(t)) = \widetilde{\Phi}(\boldsymbol{q}(t), \boldsymbol{p}(t), t)$ を構成すれば，$(\boldsymbol{Q}, \boldsymbol{P})$ は巡回座標になり，それによってハミルトン方程式が解ける．

$S(q^1, \cdots, q^n, Q^1, \cdots, Q^n, t)$ が正準変換の生成関数になるためには，条件3.14が必要十分である．この条件は局所的にみたされていればよい．したがって，逆関数の定理により，条件3.14は $\left(\dfrac{\partial p^i}{\partial Q^j}\right)$ が可逆であることと同値である．すなわち(3.16)より次の条件と同値である．

条件 3.24　$\left(\dfrac{\partial^2 S}{\partial Q^j \partial q^i}\right)$ は可逆である．　□

以上で我々は次の定理を示したことになる．

定理 3.25 (ヤコビ)　条件3.24をみたす方程式(3.23)の解の族 $S(q^1, \cdots, q^n, Q^1, \cdots, Q^n, t)$ に対して，それを生成関数にする正準変換が定まり，これから定まる座標系 $(\boldsymbol{Q}, \boldsymbol{P})$ で $\boldsymbol{Q}$ は巡回座標である．すなわち $\boldsymbol{Q}$ の成分は第1積分である．　□

条件3.24をみたすような(3.23)の解の族 $S(q^1, \cdots, q^n, Q^1, \cdots, Q^n, t)$ を**完全解**という．完全解が求められると(3.23)のすべての解が求められることが知られている[*1]．

定理3.25はハミルトン方程式という常微分方程式の問題を，1階偏微分方程式の問題に帰着したわけで，かえって問題を難しくしたようであるが，実はこれはハミルトン方程式の解を具体的に求める上で有用である．特に**変数分離型**と呼ばれる場合は，これを用いてハミルトン方程式の解を求めることができる．その一般論を述べるかわりに，例をやってみよう．

例 3.26　$H = \dfrac{p_1^2}{2} + (p_1^2 + q_1^2)p_2^2 + \dfrac{q_1^2}{2} - q_2$ を考える．(この例では，添字は下に書く．) ハミルトン–ヤコビ方程式は

＊1　大島利雄・小松彦三郎，1階偏微分方程式(岩波講座基礎数学)，岩波書店，1977.

$$K(Q_1, Q_2) = \frac{1}{2}\left(\frac{\partial S}{\partial q_1}\right)^2 + \left(\left(\frac{\partial S}{\partial q_1}\right)^2 + q_1^2\right)\left(\frac{\partial S}{\partial q_2}\right)^2 + \frac{q_1^2}{2} - q_2 \tag{3.25}$$

である．(3.25)の解 $S(q_1, q_2\,;\,Q_1, Q_2)$ を見つけるには，$K = Q_2^2 + \dfrac{Q_1^2}{2}$ として

$$\begin{cases} Q_1^2 = \left(\dfrac{\partial S_1(q_1\,;\,Q_1)}{\partial q_1}\right)^2 + q_1^2 \\ Q_2^2 = Q_1^2\left(\dfrac{\partial S_2(q_2\,;\,Q_1, Q_2)}{\partial q_2}\right)^2 - q_2 \end{cases} \tag{3.26}$$

を解き，$S(q_1, q_2\,;\,Q_1, Q_2) = S_1(q_1\,;\,Q_1) + S_2(q_2\,;\,Q_1, Q_2)$ とおけばよい．(3.26)は

$$\begin{cases} S_1(q_1\,;\,Q_1) = \displaystyle\int_0^{q_1} \sqrt{Q_1^2 - x^2}\,dx \\ S_2(q_2\,;\,Q_1, Q_2) = \dfrac{1}{Q_1}\displaystyle\int_0^{q_2} \sqrt{Q_2^2 + x}\,dx \end{cases}$$

と解かれる．よって

$$\begin{cases} p_1 = \dfrac{\partial S}{\partial q_1} = \sqrt{Q_1^2 - q_1^2} \\ p_2 = \dfrac{\partial S}{\partial q_2} = \dfrac{\sqrt{Q_2^2 + q_2}}{Q_1} \end{cases}$$

したがって，

$$\begin{cases} Q_1 = \sqrt{p_1^2 + q_1^2} \\ Q_2 = \sqrt{Q_1^2 p_2^2 - q_2} = \sqrt{(p_1^2 + q_1^2)p_2^2 - q_2} \end{cases}$$

が巡回座標(第1積分)である． □

例 3.27[*2] ラグランジアン

$$L = \frac{1}{2}(q_1^2 + q_2^2)(\dot{q}_1^2 + \dot{q}_2^2) - \frac{1}{q_1^2 + q_2^2}$$

---

*2 この例は，E. T. Whittaker, *A treatise on the analytical dynamics of particles and rigid bodies*, Cambridge Univ. Press, 1937, p. 70 からとった．

で定まる系のオイラー–ラグランジュ方程式を考える．§1.4(e)により，q_i と正準共役な運動量 p_i は

$$p_i = \frac{\partial L}{\partial \dot{q}_i} = (q_1^2+q_2^2)\dot{q}_i$$

である．よってハミルトニアンは

$$H = p_1\dot{q}_1+p_2\dot{q}_2-L = \frac{1}{2}\frac{p_1^2+p_2^2}{q_1^2+q_2^2}+\frac{1}{q_1^2+q_2^2}.$$

ハミルトン–ヤコビ方程式は

$$2H = \frac{\left(\dfrac{\partial S}{\partial q_1}\right)^2+\left(\dfrac{\partial S}{\partial q_2}\right)^2}{q_1^2+q_2^2}+\frac{2}{q_1^2+q_2^2} \tag{3.27}$$

である．この分母を払って整理すると

$$2Hq_1^2-\left(\frac{\partial S}{\partial q_1}\right)^2-1 = \left(\frac{\partial S}{\partial q_2}\right)^2-2Hq_2^2+1.$$

よって

$$2Hq_1^2-\left(\frac{\partial S_1}{\partial q_1}\right)^2-1 = \left(\frac{\partial S_2}{\partial q_2}\right)^2-2Hq_2^2+1 = Q \tag{3.28}$$

の解 S_1, S_2 をとり，$S(q_1,q_2) = S_1(q_1)+S_2(q_2)$ とすれば，(3.27)の，2つの変数 H, Q をパラメータとした，解が得られる．(3.28)から

$$\begin{cases} S_1 = \displaystyle\int^{q_1}\sqrt{2Hx^2-Q-1}\,dx \\ S_2 = \displaystyle\int^{q_2}\sqrt{2Hx^2+Q-1}\,dx \end{cases}$$

S を生成関数とする正準変換で，この例で考えているハミルトン方程式は $Q_1 = H$, $Q_2 = Q$, P_1, P_2 を座標として，H をハミルトニアンとするハミルトン系に写る．(3.13)より

$$\begin{cases} P_1 = \dfrac{\partial S}{\partial H} = \displaystyle\int^{q_1} \frac{x^2}{\sqrt{2Hx^2-Q-1}}dx + \int^{q_2} \frac{x^2}{\sqrt{2Hx^2+Q-1}}dx \\ P_2 = \dfrac{\partial S}{\partial Q} = \dfrac{1}{2}\displaystyle\int^{q_1} \frac{-dx}{\sqrt{2Hx^2-Q-1}} + \frac{1}{2}\int^{q_2} \frac{dx}{\sqrt{2Hx^2+Q-1}} \end{cases} \tag{3.29}$$

(3.29)の右辺は初等関数の範囲で積分できるが，煩雑なので省略する．

ハミルトニアンは H だから，

$$\begin{cases} \dfrac{\partial P_1}{\partial t} = -\dfrac{\partial H}{\partial H} = -1 \\ \dfrac{\partial P_2}{\partial t} = -\dfrac{\partial H}{\partial Q} = 0 \end{cases} \tag{3.30}$$

(3.30)の解は $P_1(t) = -t + C_1$, $P_2(t) = C_2$. よってこれを(3.29)の逆写像に代入すれば，解 $q_1(t), q_2(t)$ が求められる．　□

§3.2　ハミルトン系の対称性とネーターの定理

第1章で，第1積分を求めるいつでも使える処方箋はないと述べた．広いクラスのハミルトン系に対して使える第1積分を求める方法が，系の対称性を用いる方法である．すなわち，ハミルトン系を不変にする無限小変換が存在するならば，第1積分が存在するというものである．この節ではこれについて述べる．

(a)　無限小正準変換

§2.4で，我々は無限小変換がベクトル場であること，言い換えるとベクトル場に対して1径数変換群という変換の族が対応することを見た．$2n$ 次元の相空間 $\mathbb{R}^{2n}$ 上のベクトル場が生成する1径数変換群が，正準変換からなるのはどんな場合であろうか？　$\mathbb{R}^{2n}$ の座標を q^i, p^i とし，ベクトル場を

$$\boldsymbol{V} = \sum_{i=1}^{n} V^i \frac{\partial}{\partial q^i} + \sum_{i=1}^{n} V^{n+i} \frac{\partial}{\partial p^i} \tag{3.31}$$

としよう．$\boldsymbol{V}$ が生成する1径数変換群を φ_t とおく．φ_t を成分で表わして，$\varphi_t(\boldsymbol{q},\boldsymbol{p})=(\varphi_t^1(\boldsymbol{q},\boldsymbol{p}),\cdots,\varphi_t^{2n}(\boldsymbol{q},\boldsymbol{p}))$ と書く．$w=\sum_i dp^i\wedge dq^i$ とおくと，φ_t が正準変換であるとは

$$\varphi_t^* w = w \tag{3.32}$$

であることを指した．(3.32)が成り立つための必要十分条件を求めよう．

$$\begin{aligned}
&\lim_{\varepsilon\to 0}\frac{\varphi_\varepsilon^* w - w}{\varepsilon}\\
&=\lim_{\varepsilon\to 0}\frac{\sum_{i=1}^n d\varphi_\varepsilon^{i+n}\wedge d\varphi_\varepsilon^i - w}{\varepsilon}\\
&=\left.\left(\sum_{i=1}^n d\frac{\partial\varphi_\varepsilon^{i+n}}{\partial\varepsilon}\wedge d\varphi_\varepsilon^i+\sum_{i=1}^n d\varphi_\varepsilon^{i+n}\wedge d\frac{\partial\varphi_\varepsilon^i}{\partial\varepsilon}\right)\right|_{\varepsilon=0}\\
&=\sum_{i=1}^n dV^{i+n}\wedge dq^i+\sum_{i=1}^n dp^i\wedge dV^i\\
&=\sum_{i<j}\left(\frac{\partial V^{i+n}}{\partial q^j}-\frac{\partial V^{j+n}}{\partial q^i}\right)dq^j\wedge dq^i-\sum_{i<j}\left(\frac{\partial V^i}{\partial p^j}-\frac{\partial V^j}{\partial p^i}\right)dp^j\wedge dp^i\\
&\quad+\sum_{i,j}\left(\frac{\partial V^{j+n}}{\partial p^i}+\frac{\partial V^i}{\partial q^j}\right)dp^i\wedge dq^j
\end{aligned}\tag{3.33}$$

である．ここで微分1形式 $i_1J(\boldsymbol{V})$ を

$$i_1J(\boldsymbol{V})=\sum_i V^i dp^i - V^{i+n}dq^i$$

で定義する．すなわち

定義 3.28　J をベクトル場 $\boldsymbol{V}$ にベクトル場

$$J(\boldsymbol{V})=\sum_{i=1}^n V^i\frac{\partial}{\partial p^i}-\sum_{i=1}^n V^{i+n}\frac{\partial}{\partial q^i}$$

を対応させる対応とする．□

i_1 はベクトル場

$$\boldsymbol{W}=\sum_{i=1}^n W^i\frac{\partial}{\partial q^i}+\sum_{i=1}^n W^{i+n}\frac{\partial}{\partial p^i}$$

に

$$i_1(\boldsymbol{W}) = \sum_{i=1}^{n} W^i dq^i + \sum_{i=1}^{n} W^{n+i} dp^i$$

を対応させる対応であった(定義 2.29)．(3.33)と定義より

$$\lim_{\varepsilon \to 0} \frac{\varphi_\varepsilon^* w - w}{\varepsilon} = -d i_1 J(\boldsymbol{V}). \tag{3.34}$$

補題 3.29　ベクトル場 $\boldsymbol{V}$ の生成する 1 径数変換群 φ_t が正準変換からなるための必要十分条件は，$di_1J(\boldsymbol{V})=0$ である．

［証明］　φ_t が正準変換からなるとすると，$\varphi_t^* w = w$．よって(3.34)より $di_1J(\boldsymbol{V})=0$ である．逆に $di_1J(\boldsymbol{V})=0$ とすると，補題 2.44 を用いて

$$\begin{aligned} \frac{\partial}{\partial t}\varphi_t^* w\Big|_{t=t_0} &= \lim_{\varepsilon \to 0} \frac{\varphi_{t_0+\varepsilon}^* w - \varphi_{t_0}^* w}{\varepsilon} = \lim_{\varepsilon \to 0} \frac{\varphi_{t_0}^* \varphi_\varepsilon^* w - \varphi_{t_0}^* w}{\varepsilon} \\ &= \varphi_{t_0}^* \lim_{\varepsilon \to 0} \frac{\varphi_\varepsilon^* w - w}{\varepsilon} = -\varphi_{t_0}^* d i_1 J(\boldsymbol{V}) = 0. \end{aligned}$$

よって $\varphi_t^* w = w$． ∎

次に，考えている領域は単連結であるとしよう．すると定理 2.31 より，$di_1J(\boldsymbol{V})=0$ は $dG=i_1J(\boldsymbol{V})$ をみたす関数 G が存在することと同値である．$\boldsymbol{X}_G$ で G に対応するハミルトン・ベクトル場(3.1)を表わす．

補題 3.30　$dG=i_1J(\boldsymbol{V})$ と $\boldsymbol{V}=-\boldsymbol{X}_G$ は同値である．

［証明］　$dG=i_1J(\boldsymbol{V})$ は定義により

$$\sum_i \frac{\partial G}{\partial p^i} dp^i + \frac{\partial G}{\partial q^i} dq^i = \sum_i V^i dp^i - V^{i+n} dq^i$$

と同値である．これを成分で書くと

$$\begin{cases} \dfrac{\partial G}{\partial p^i} = V^i \\ \dfrac{\partial G}{\partial q^i} = -V^{i+n} \end{cases}$$

になる．すなわち

$$\boldsymbol{V} = \sum_i \left(\frac{\partial G}{\partial p^i} \frac{\partial}{\partial q^i} - \frac{\partial G}{\partial q^i} \frac{\partial}{\partial p^i} \right) = -\boldsymbol{X}_G.$$

∎

補題3.29，3.30より我々は次の定理を示した．

定理3.31　単連結な領域上では，ベクトル場$\boldsymbol{V}$に対して，$\boldsymbol{V}$が生成する1径数変換群が正準変換からなることと，$\boldsymbol{V}=\boldsymbol{X}_G$であるような関数$G$が存在することは同値である． □

(b)　ベクトル場と微分

定理3.31は1径数変換群φ_tがどんな場合に正準変換になるかの判定条件を与える．ハミルトン・ベクトル場$\boldsymbol{X}_H$がベクトル場$\boldsymbol{V}$の生成する1径数変換群で不変であるためには，φ_tが正準変換でかつ$H(\varphi_t(\boldsymbol{q},\boldsymbol{p}))=H(\boldsymbol{q},\boldsymbol{p})$であれば十分である．この後者の条件を調べよう．

それには，ベクトル場による関数の微分，を考える必要がある．この項では，§2.4の続きに戻り，(ハミルトン・ベクトル場とは限らない)一般のベクトル場についてもう少し説明する．

$\mathbb{R}^m$の開集合U上のベクトル場$\boldsymbol{V}=\sum_{i=1}^m V^i\dfrac{\partial}{\partial x^i}$を考える．$\varphi_t$を$\boldsymbol{V}$の生成するベクトル場とする．$f$を$U$上の関数とする．$f\circ\varphi_t=f$が成り立つための条件を求めよう．

$$\begin{aligned}\lim_{\varepsilon\to 0}\frac{f(\varphi_\varepsilon(p))-f(p)}{\varepsilon} &= \frac{d}{dt}f(\varphi_t(p))\Big|_{t=0}=\sum_i\frac{\partial f}{\partial x^i}\frac{d}{dt}\varphi_t^i(p)\Big|_{t=0}\\ &=\sum_i\frac{\partial f}{\partial x^i}V^i(p)\,. \end{aligned}\tag{3.35}$$

定義3.32　ベクトル場$\boldsymbol{V}=\sum_{i=1}^m V^i\dfrac{\partial}{\partial x^i}$，関数$f$に対して**$\boldsymbol{V}$による$f$の微分**$\boldsymbol{V}(f)$を次の式で与えられる関数とする．

$$\boldsymbol{V}(f)(p)=\sum_i V^i(p)\frac{\partial f}{\partial x^i}(p)\,.$$

□

補題3.33　φ_tを$\boldsymbol{V}$の生成するベクトル場とすると，次の2つの条件は同値である．

(i)　$\boldsymbol{V}(f)=0$.

(ii)　$f\circ\varphi_t=f$.

［証明］　(ii)$\Longrightarrow$(i)は(3.35)から明らかである．(i)を仮定すると(3.35)

と補題2.44より

$$\frac{\partial}{\partial t} f(\varphi_t(p))\bigg|_{t=t_0} = \lim_{\varepsilon\to 0} \frac{f(\varphi_{t_0+\varepsilon}(p)) - f(\varphi_{t_0}(p))}{\varepsilon}$$
$$= \lim_{\varepsilon\to 0} \frac{f(\varphi_\varepsilon(\varphi_{t_0}(p))) - f(\varphi_{t_0}(p))}{\varepsilon} = \boldsymbol{V}(f)(\varphi_{t_0}(p)) = 0.$$

よって(ii)が成り立つ. ∎

これでこの項の最初に述べた問題の解答が得られた. ハミルトン系の対称性についての話に戻る前に, もう少しベクトル場による関数の微分について述べておこう.

補題3.34

$$[\boldsymbol{V}, \boldsymbol{W}](f) = \boldsymbol{V}(\boldsymbol{W}(f)) - \boldsymbol{W}(\boldsymbol{V}(f)).$$

[証明]

$$\boldsymbol{V}(\boldsymbol{W}(\boldsymbol{f})) - \boldsymbol{W}(\boldsymbol{V}(f)) = \sum_{i,j} V^i \frac{\partial}{\partial x^i}\left(W^j \frac{\partial f}{\partial x^j}\right) - \sum_{i,j} W^i \frac{\partial}{\partial x^i}\left(V^j \frac{\partial f}{\partial x^j}\right)$$
$$= \sum_{i,j}\left(V^i \frac{\partial W^j}{\partial x^i} - W^i \frac{\partial V^j}{\partial x^i}\right)\frac{\partial f}{\partial x^j}$$
$$= [\boldsymbol{V}, \boldsymbol{W}](f).$$
∎

系3.35（ヤコビの恒等式）

$$[[\boldsymbol{U}, \boldsymbol{V}], \boldsymbol{W}] + [[\boldsymbol{V}, \boldsymbol{W}], \boldsymbol{U}] + [[\boldsymbol{W}, \boldsymbol{U}], \boldsymbol{V}] = \boldsymbol{0}.$$

[証明]　補題3.34より, 任意の関数 f に対して

$$([[\boldsymbol{U}, \boldsymbol{V}], \boldsymbol{W}] + [[\boldsymbol{V}, \boldsymbol{W}], \boldsymbol{U}] + [[\boldsymbol{W}, \boldsymbol{U}], \boldsymbol{V}])f$$
$$= [\boldsymbol{U}, \boldsymbol{V}](\boldsymbol{W}(f)) - \boldsymbol{W}([\boldsymbol{U}, \boldsymbol{V}](f)) + [\boldsymbol{V}, \boldsymbol{W}](\boldsymbol{U}(f)) - \boldsymbol{U}([\boldsymbol{V}, \boldsymbol{W}](f))$$
$$+ [\boldsymbol{W}, \boldsymbol{U}](\boldsymbol{V}(f)) - \boldsymbol{V}([\boldsymbol{W}, \boldsymbol{U}](f))$$
$$= \boldsymbol{U}(\boldsymbol{V}(\boldsymbol{W}(f))) - \boldsymbol{V}(\boldsymbol{U}(\boldsymbol{W}(f))) - \boldsymbol{W}(\boldsymbol{U}(\boldsymbol{V}(f))) + \boldsymbol{W}(\boldsymbol{V}(\boldsymbol{U}(f)))$$
$$+ \boldsymbol{V}(\boldsymbol{W}(\boldsymbol{U}(f))) - \boldsymbol{W}(\boldsymbol{V}(\boldsymbol{U}(f))) - \boldsymbol{U}(\boldsymbol{V}(\boldsymbol{W}(f))) + \boldsymbol{U}(\boldsymbol{W}(\boldsymbol{V}(f)))$$
$$+ \boldsymbol{W}(\boldsymbol{U}(\boldsymbol{V}(f))) - \boldsymbol{U}(\boldsymbol{W}(\boldsymbol{V}(f))) - \boldsymbol{V}(\boldsymbol{W}(\boldsymbol{U}(f))) + \boldsymbol{V}(\boldsymbol{U}(\boldsymbol{W}(f)))$$
$$= 0.$$

よって,

$$[[\boldsymbol{U},\boldsymbol{V}],\boldsymbol{W}]+[[\boldsymbol{V},\boldsymbol{W}],\boldsymbol{U}]+[[\boldsymbol{W},\boldsymbol{U}],\boldsymbol{V}]=\sum_i X^i\frac{\partial}{\partial x^i}$$

とおくと

$$X^i=[[\boldsymbol{U},\boldsymbol{V}],\boldsymbol{W}]+[[\boldsymbol{V},\boldsymbol{W}],\boldsymbol{U}]+[[\boldsymbol{W},\boldsymbol{U}],\boldsymbol{V}](x^i)=0\,.$$

よって $[[\boldsymbol{U},\boldsymbol{V}],\boldsymbol{W}]+[[\boldsymbol{V},\boldsymbol{W}],\boldsymbol{U}]+[[\boldsymbol{W},\boldsymbol{U}],\boldsymbol{V}]=\boldsymbol{0}$. ∎

問3　関数 f と可微分同相写像 φ に対して $\varphi^*f(p)=f(\varphi(p))$ とおくとき，$\boldsymbol{V}(\varphi^*f)=\varphi^*((\varphi_*\boldsymbol{V})f)$ を示せ.

(c)　ポアソン括弧と括弧積

前の項に続いて，ここでは，ポアソン括弧や1径数変換群などの性質を述べよう．**ポアソン括弧** $\{G,H\}$ を

$$\{G,H\}=\sum_i\left(\frac{\partial G}{\partial q^i}\frac{\partial H}{\partial p^i}-\frac{\partial G}{\partial p^i}\frac{\partial H}{\partial q^i}\right)\tag{3.36}$$

で定義する.（2次元の場合は§1.3で導入した.）

定理 3.36　G がハミルトニアン H で定まるハミルトン方程式の第1積分であるための必要十分条件は，$\{G,H\}=0$ である.　□

証明は系1.18と同様である.

補題 3.37

$$[\boldsymbol{X}_f,\boldsymbol{X}_g]=\boldsymbol{X}_{\{f,g\}}\,.$$

ここで $\boldsymbol{X}_f$ は f から定まるハミルトン・ベクトル場(3.1)，[ ] はベクトル場の括弧積(2.29)，{ } はポアソン括弧(3.36)である.

[証明]

$$[\boldsymbol{X}_f,\boldsymbol{X}_g]=\left[\sum_{i=1}^n\left(\frac{\partial f}{\partial q^i}\frac{\partial}{\partial p^i}-\frac{\partial f}{\partial p^i}\frac{\partial}{\partial q^i}\right),\ \sum_{i=1}^n\left(\frac{\partial g}{\partial q^i}\frac{\partial}{\partial p^i}-\frac{\partial g}{\partial p^i}\frac{\partial}{\partial q^i}\right)\right]$$
$$=\sum_{i,j}\frac{\partial f}{\partial q^i}\frac{\partial^2 g}{\partial p^i\partial q^j}\frac{\partial}{\partial p^j}-\sum_{i,j}\frac{\partial f}{\partial q^i}\frac{\partial^2 g}{\partial p^i\partial p^j}\frac{\partial}{\partial q^j}$$
$$-\sum_{i,j}\frac{\partial f}{\partial p^i}\frac{\partial^2 g}{\partial q^i\partial q^j}\frac{\partial}{\partial p^j}+\sum_{i,j}\frac{\partial f}{\partial p^i}\frac{\partial^2 g}{\partial q^i\partial p^j}\frac{\partial}{\partial q^j}$$

$$-(f \Leftrightarrow g). \tag{3.37}$$

ここで $(f \Leftrightarrow g)$ はその上の4つの総和で f と g を入れ替えたものを指す．一方

$$\begin{aligned}
\boldsymbol{X}_{\{f,g\}} &= \boldsymbol{X}_{\sum_i\left(\frac{\partial f}{\partial q^i}\frac{\partial g}{\partial p^i}-\frac{\partial f}{\partial p^i}\frac{\partial g}{\partial q^i}\right)} \\
&= \sum_{i,j}\left(\frac{\partial}{\partial q^j}\left(\frac{\partial f}{\partial q^i}\frac{\partial g}{\partial p^i}\right)\frac{\partial}{\partial p^j}-\frac{\partial}{\partial p^j}\left(\frac{\partial f}{\partial q^i}\frac{\partial g}{\partial p^i}\right)\frac{\partial}{\partial q^j}\right) \\
&\quad -\sum_{i,j}\left(\frac{\partial}{\partial q^j}\left(\frac{\partial f}{\partial p^i}\frac{\partial g}{\partial q^i}\right)\frac{\partial}{\partial p^j}-\frac{\partial}{\partial p^j}\left(\frac{\partial f}{\partial p^i}\frac{\partial g}{\partial q^i}\right)\frac{\partial}{\partial q^j}\right) \\
&= \sum_{i,j}\left(\frac{\partial f}{\partial q^i}\frac{\partial^2 g}{\partial q^j\partial p^i}\frac{\partial}{\partial p^j}-\frac{\partial f}{\partial q^i}\frac{\partial^2 g}{\partial p^j\partial p^i}\frac{\partial}{\partial q^j}\right) \\
&\quad -\sum_{i,j}\left(\frac{\partial f}{\partial p^i}\frac{\partial^2 g}{\partial q^j\partial q^i}\frac{\partial}{\partial p^j}+\frac{\partial f}{\partial p^i}\frac{\partial^2 g}{\partial p^j\partial q^i}\frac{\partial}{\partial q^j}\right) \\
&\quad -(f \Leftrightarrow g).
\end{aligned} \tag{3.38}$$

(3.37)と(3.38)は一致する． ∎

さて，補題3.37と補題2.55から次のことがわかる．

補題3.38 $H\colon \mathbb{R}^{2n}\to\mathbb{R}$, $G\colon \mathbb{R}^{2n}\to\mathbb{R}$ とし，φ_H^t, φ_G^t を $\boldsymbol{X}_H$ および $\boldsymbol{X}_G$ で生成される1径数変換群とする．このとき次の2つの条件は同値である．

(i) $\{H,G\}=0$.

(ii) $\varphi_H^t\circ\varphi_G^s=\varphi_G^s\circ\varphi_H^t$. □

ポアソン括弧についての公式をいくつか述べよう．次の等式も**ヤコビの恒等式**という．

補題3.39

$$\{\{f,g\},h\}+\{\{g,h\},f\}+\{\{h,f\},g\}=0. \quad □$$

証明は補題3.37と系3.35から明らかである．あるいは直接定義に従って計算しても証明できる．

問4 G_1, G_2 が H から決まるハミルトン方程式の第1積分であるとすると，$\{G_1,G_2\}$ も第1積分であることを示せ．

問5 $\{f,gh\}=g\{f,h\}+h\{f,g\}$ を証明せよ．

(d)　ネーターの定理

ハミルトン系の対称性についての考察に戻ろう．(3.1)で与えられるベクトル場 $\boldsymbol{V}$ を考え，その生成する1径数変換群を φ_t とする．

(a)で見たことは，φ_t が正準変換であるためには，$\boldsymbol{V}=\boldsymbol{X}_G$ なる G が存在することが必要十分であることで，(b)で見たことは，$H(\varphi_t(\boldsymbol{q},\boldsymbol{p}))=H(\boldsymbol{q},\boldsymbol{p})$ であるためには，$\boldsymbol{V}(H)=0$ が必要十分であることであった．

この2つの条件がみたされているのはどういうときであろうか．すなわち $\boldsymbol{X}_G(H)=0$ はいつ成り立つであろうか．

補題 3.40

$$\boldsymbol{X}_G(H)=\{G,H\}.$$

［証明］　$\boldsymbol{X}_G=\sum_i\left(\dfrac{\partial G}{\partial q^i}\dfrac{\partial}{\partial p^i}-\dfrac{\partial G}{\partial p^i}\dfrac{\partial}{\partial q^i}\right)$ ゆえ

$$\boldsymbol{X}_G(H)=\sum_i\frac{\partial G}{\partial q^i}\frac{\partial H}{\partial p^i}-\frac{\partial G}{\partial p^i}\frac{\partial H}{\partial q^i}=\{G,H\}.$$

∎

これまで述べてきたことをまとめると，次のネーター(Noether)の定理になる．

定理 3.41（ネーター）　単連結な領域の上の関数 H に対して，次の2つの条件は同値である．

（i）　$\{G,H\}=0$ なる定数でない関数 G が存在する．

（ii）　正準変換のなす1径数変換群 φ_t で $H\circ\varphi_t=H$ なるものが存在し，φ_t は恒等写像ではない．

さらに，(ii)の φ_t に対応するベクトル場は，G から定まるハミルトン・ベクトル場 $\boldsymbol{X}_G$ である．

［証明］　証明はもうほとんどすんでいるが，復習をかねてもう一度やってみよう．(i)を仮定する．ハミルトン・ベクトル場 $\boldsymbol{X}_G$ が生成する1径数変換群 φ_t は，定理3.31より正準変換からなる．また $\{G,H\}=0$ ゆえ補題3.33と補題3.40より $H\circ\varphi_t=H$ が成り立つ．

逆に(ii)を仮定する．補題2.52より φ_t はあるベクトル場 $\boldsymbol{V}$ から生成される．φ_t は正準変換であるから，定理3.31より $\boldsymbol{V}=\boldsymbol{X}_G$ なる G が存在する．

一方，$H\circ\varphi_t=H$ ゆえ，補題 3.33 より $\boldsymbol{V}(H)=0$ である．よって補題 3.40 より $\{G,H\}=0$． φ_t は恒等写像ではないから G は定数ではない． ∎

定理 3.41 より，ハミルトン系を保つような 1 径数変換群があれば第 1 積分 G が存在し，逆も成立する．この G のことを物理では**保存電流**と呼んでいるようである．(この用語が使われるのは，主に無限自由度の場合である．) 数学で最近使われている用語では，G は**運動量写像**(moment map) と呼ばれる．

例 3.42 $\mathbb{R}^3$ 上の力をまったく受けない質点の運動を考えよう．この場合のハミルトニアンは $H=\sum_{i=1}^{3}\dfrac{p_i^2}{2m}$ である．

$\boldsymbol{e}_j$ を j 成分が 1 でほかの成分が 0 のベクトルとし，$\boldsymbol{q}$ に $\boldsymbol{q}+t\boldsymbol{e}_j$ を対応させる変換を考えよう．(これは §2.4(e) で述べた $\boldsymbol{e}_j$ 方向の平行移動である．)

これから $\mathbb{R}^6$ 上の正準変換を構成するには (3.7) で $\boldsymbol{p}$ の方を変換すればよいが，$\boldsymbol{q}$ に $\boldsymbol{q}+t\boldsymbol{e}_j$ を対応させる変換のヤコビ行列は単位行列であるから，$\boldsymbol{p}$ は動かさなくてよい．つまり $\varphi_{j,t}(\boldsymbol{q},\boldsymbol{p})=(\boldsymbol{q}+t\boldsymbol{e}_j,\boldsymbol{p})$ である．(この $\varphi_{j,t}$ が正準変換であることは，§3.1 などもち出さなくても，定義よりすぐわかる．) $H=\sum_{i=1}^{3}\dfrac{p_i^2}{2m}$ に対して $H\circ\varphi_{j,t}=H$ がわかる．したがって定理 3.41 よりこの系の第 1 積分 G_j が得られるはずである．これは何であろうか． $\varphi_{j,t}$ の定めるベクトル場は定義より

$$\left.\frac{d\varphi_{j,t}}{dt}\right|_{t=0}=\frac{\partial}{\partial q_j}$$

である．これをハミルトン・ベクトル場にもつ関数は $G_j=p_j$ である．これが求める第 1 積分である．以上述べたことは次のようにまとめられる．

j 成分の方向への平行移動の作る，1 径数変換群に対応する運動量写像は，運動量の j 成分である． □

(e) 角運動量

ネーターの定理に基づいて角運動量を考察しよう．まず 2 次元の系を考えよう．§1.3 で考えた中心力場のもとでの運動を考える．すなわちハミルトニ

アンとして

$$H = \frac{p_1^2+p_2^2}{2m} + K\left(\sqrt{q_1^2+q_2^2}\right) \tag{3.39}$$

を選ぶ．φ_t を原点を中心にした角度 t の回転が定める正準変換とする．すなわち q_1, q_2 については

$$\varphi_t\begin{pmatrix} q_1 \\ q_2 \end{pmatrix} = \begin{pmatrix} \cos t & -\sin t \\ \sin t & \cos t \end{pmatrix}\begin{pmatrix} q_1 \\ q_2 \end{pmatrix}$$

とする．すると p_1, p_2 に対しては(3.7)より

$$\varphi_t\begin{pmatrix} p_1 \\ p_2 \end{pmatrix} = \begin{pmatrix} \cos t & -\sin t \\ \sin t & \cos t \end{pmatrix}\begin{pmatrix} p_1 \\ p_2 \end{pmatrix}$$

となる．この1径数変換群に対して(3.39)のハミルトニアンは不変である．したがって再び定理3.41から第1積分が存在するはずである．これを求めよう．まず φ_t の定めるベクトル場は

$$\boldsymbol{V} = -q_2\frac{\partial}{\partial q_1} + q_1\frac{\partial}{\partial q_2} - p_2\frac{\partial}{\partial p_1} + p_1\frac{\partial}{\partial p_2}$$

である．これは $G = p_1q_2 - p_2q_1$ とおくと $\boldsymbol{X}_G = \boldsymbol{V}$ である．$-G$ を§1.3で角運動量と呼んだ．すなわち，この場合，定理3.41は中心力場のもとでの角運動量の保存法則(定理1.15)にあたる．

3次元の場合を論ずる前に，点変換からなる正準変換の1径数変換群の無限小変換を計算しておこう．$\boldsymbol{V}$ を $\mathbb{R}^n$ 上のベクトル場とする．これから1径数変換群 φ_t が定まる．φ_t が(3.7)で定める $\mathbb{R}^{2n}$ での正準変換を $\varPhi_t$ と書こう．これは1径数変換群となる．

補題3.43　$\varPhi_t$ の定める $\mathbb{R}^{2n}$ のベクトル場は次の式で与えられる．

$$\boldsymbol{V} = \sum_i V^i(\boldsymbol{q})\frac{\partial}{\partial q^i} - \sum_{i,j}\frac{\partial V^j}{\partial q^i}(\boldsymbol{q})p^j\frac{\partial}{\partial p^i}. \tag{3.40}$$

［証明］　$\varPhi_t(\boldsymbol{q},\boldsymbol{p}) = (\boldsymbol{Q}(\boldsymbol{q},t), \boldsymbol{P}(\boldsymbol{q},\boldsymbol{p},t))$ とおく．一般に，行列値関数 A に対して，$\dfrac{\partial A^{-1}}{\partial x} = -A^{-1}\dfrac{\partial A}{\partial x}A^{-1}$ が成立する．($AA^{-1} = I$ を微分すれば証明できる.) これを用いて(3.7)の第2式を t で微分すると

$$\frac{d\boldsymbol{P}}{dt} = -({}^t D\boldsymbol{Q})^{-1}\frac{d({}^t D\boldsymbol{Q})}{dt}({}^t D\boldsymbol{Q})^{-1}\boldsymbol{p}$$

$t=0$ とおいて成分で表わすと，$\boldsymbol{Q}(\boldsymbol{q},0)=\boldsymbol{q}$ より，$D\boldsymbol{Q}(\boldsymbol{q},0)=I$（単位行列）および

$$\frac{d}{dt}\frac{\partial Q^i(\boldsymbol{q},\boldsymbol{p},t)}{\partial q^j} = \frac{\partial}{\partial q^j}\frac{dQ^i(\boldsymbol{q},\boldsymbol{p},t)}{dt} = \frac{\partial V^i}{\partial q^j}$$

ゆえ

$$\left.\frac{dP^i}{dt}\right|_{t=0} = -\sum_j \frac{\partial V^j}{\partial q^i}p^j .$$

一方，$\left.\dfrac{dQ^i}{dt}\right|_{t=0} = V^i$ が容易に得られるから，(3.40)が成立する． ∎

(3.40)のベクトル場をハミルトン・ベクトル場とするような G を探すと次の補題が得られる．

補題 3.44　$\boldsymbol{V}$，$G(\boldsymbol{q},\boldsymbol{p})=\boldsymbol{V}(\boldsymbol{q})\cdot\boldsymbol{p}$ に対して

$$\boldsymbol{X}_G = -\sum_i V^i(\boldsymbol{q})\frac{\partial}{\partial q^i} + \sum_{i,j}\frac{\partial V^j}{\partial q^i}(\boldsymbol{q})p^j\frac{\partial}{\partial p^i} .$$ □

証明はただ計算すればよい．定理 3.41，補題 3.43 と補題 3.44 から次のことが示された．

定理 3.45　$\boldsymbol{V}$ を $\mathbb{R}^n$ 上のベクトル場とする．これから 1 径数変換群 φ_t が定まる．φ_t が(3.7)で定める $\mathbb{R}^{2n}$ での正準変換を Φ_t と書く．ハミルトニアン $H(\boldsymbol{q},\boldsymbol{p})$ が Φ_t で不変とすると，$G(\boldsymbol{q},\boldsymbol{p})=\boldsymbol{V}(\boldsymbol{q})\cdot\boldsymbol{p}$ はこのハミルトン系の第 1 積分である． □

定理 3.45 を使って，3 次元の場合の角運動量を調べよう．§2.4(e),(f)で述べたように，3 次元空間での回転は $SO(3)$ の元で表わされ，また対応する無限小変換は $\boldsymbol{V}(\boldsymbol{q})=\boldsymbol{v}\times\boldsymbol{q}$ なるベクトル場で与えられた．$\boldsymbol{V}(\boldsymbol{q})=\boldsymbol{v}\times\boldsymbol{q}$ なるベクトル場が生成する 1 径数変換群は，$\boldsymbol{v}$ を軸とする回転である．この場合 $G(\boldsymbol{q},\boldsymbol{p})$ を計算すると

$$G(\boldsymbol{q},\boldsymbol{p}) = \boldsymbol{V}(\boldsymbol{q})\cdot\boldsymbol{p} = (\boldsymbol{v}\times\boldsymbol{q})\cdot\boldsymbol{p} = (\boldsymbol{q}\times\boldsymbol{p})\cdot\boldsymbol{v}$$

である．$\boldsymbol{q}$ をある時刻での質点の位置，$\boldsymbol{p}$ をその運動量とするとき，ベクト

ル $\boldsymbol{q}\times\boldsymbol{p}$ のことを**角運動量**という．したがって定理3.45より次のことがわかる．

系3.46　ハミルトニアンが $\boldsymbol{v}$ を軸とする回転で不変とすると，角運動量と $\boldsymbol{v}$ の内積は第1積分である． □

§3.3　完全積分可能系

(a)　逆2乗力の摂動

§1.3では，原点からの距離の -2 乗に比例する大きさの力を受けて動く質点の運動を考察し，その解が楕円を軌道とする周期解であることを見た．§1.2で見た1次元空間上の運動の場合にも周期解が現れた．定理1.3で見たように，1次元空間上の運動の場合には，ハミルトニアンを少し摂動しても周期解は周期解のままであった．§1.3で見た解の場合はどうであろうか．例としてハミルトニアン

$$H=\frac{p_1^2+p_2^2}{2}-\left(\frac{C}{\sqrt{x_1^2+x_2^2}}+\frac{\delta}{x_1^2+x_2^2}\right) \tag{3.41}$$

の場合を考えよう．これは§3.1の例3.11で $K(r)=\dfrac{C}{r}+\dfrac{\delta}{r^2}$ とした場合にあたるから，極座標への変換により

$$H(\boldsymbol{q},\boldsymbol{p})=\frac{p_1^2}{2}+\frac{p_2^2}{2q_1^2}-\frac{C}{q_1}-\frac{\delta}{q_1^2} \tag{3.42}$$

と変換される．H は q_2 を含まないから，p_2 がもう1つの第1積分である．そこで $p_2=\alpha$ とおくと

$$H_0=\frac{p_1^2}{2}+\left(\frac{\alpha^2}{2}-\delta\right)\left(\frac{1}{q_1}-\frac{C}{\alpha^2-2\delta}\right)^2-\frac{C^2}{2(\alpha^2-2\delta)} \tag{3.43}$$

は積分曲線上で定数である．$\alpha^2>2\delta$ の場合を考える．

$$\sqrt{2H_0+\frac{C^2}{\alpha^2-2\delta}}=\beta,\quad \sqrt{1-\frac{2\delta}{\alpha^2}}=\frac{1}{\rho}$$

とおくと，(3.43)より

$$\begin{cases} p_1 = \beta \sin\theta \\ \dfrac{1}{q_1} = \dfrac{\beta\rho}{\alpha}\cos\theta + \dfrac{C}{\alpha^2 - 2\delta} \end{cases} \tag{3.44}$$

なる $\theta = \theta(t)$ が存在する．(3.44)の第2式を t で微分すると

$$\frac{\dot{q}_1}{q_1^2} = \frac{\beta\rho\sin\theta}{\alpha}\dot{\theta}.$$

よって，$\dot{q}_1 = p_1 = \beta\sin\theta$ ゆえ，$\dot{\theta} = \dfrac{\alpha}{q_1^2\rho}$ が得られる．

一方(3.42)より $\dot{q}_2 = \dfrac{\partial H}{\partial p_2} = \dfrac{p_2}{q_1^2} = \dfrac{\alpha}{q_1^2}$．よって

$$\rho\dot{\theta} = \dot{q}_2 \tag{3.45}$$

が得られる．($\delta = 0$ の場合，つまり重力場の場合は $\rho = 1$ である．)

座標 q_2, θ についての，ハミルトニアン(3.41)のハミルトン方程式の解を，(3.45)を用いて調べよう．1つ注意を要するのは，q_2, θ なるパラメータは一通りには決まらず，q_2 を $2n\pi + q_2$，また θ を $2m\pi + \theta$ ととりかえても同じ点を表わすことである．

(b) 準周期解

$$\Sigma(\alpha, H_0) = \left\{ (q_1, q_2, p_1, p_2) \in \mathbb{R}^4 \;\middle|\; \begin{array}{l} p_2 = \alpha \\ H(q_1, q_2, p_1, p_2) = H_0 \end{array} \right\}$$

とおく．$\alpha^2 > 2\delta$ ならば $\Sigma(\alpha, H_0)$ がトーラスであることが，§1.3 と同様にわかる．

定理 3.47

(i) ρ が有理数とすると，(3.41)のハミルトニアンに対するハミルトン方程式の解で，$\Sigma(\alpha, H_0)$ の上にあるものはすべて周期解である．

(ii) ρ が無理数とすると，(3.41)のハミルトニアンに対するハミルトン方程式の解で，$\Sigma(\alpha, H_0)$ の上にあるものはすべて $\Sigma(\alpha, H_0)$ で稠密である．(空間 X の部分集合 A が X で稠密とは，A の閉包が X を含むことを指す.) とくに $\Sigma(\alpha, H_0)$ 上には周期解はない．

[証明]　T を $\theta(t+T) - \theta(t) = \pm 2\pi$ となる最小の正の数とする．言い換え

ると，T は質点が x 軸上を出発して原点の周りを一回りして x 軸に戻ってくるのにかかる時間である．仮定より $\rho=\dfrac{b}{a}$ なる 0 でない整数 a,b が存在する．すると(3.45)より

$$\frac{q_2(t+T)-q_2(t)}{\theta(t+T)-\theta(t)}=\rho=\frac{b}{a}\,.$$

したがって

$$\varphi(t+aT)-\varphi(t)=\frac{b}{a}2\pi a=2\pi b\,.$$

すなわち，時間 aT が経過すると質点は同じ場所に戻る．つまり aT はこの解の周期である．$\rho=\dfrac{3}{2}$ の場合を描くと図 3.1 の通りである．

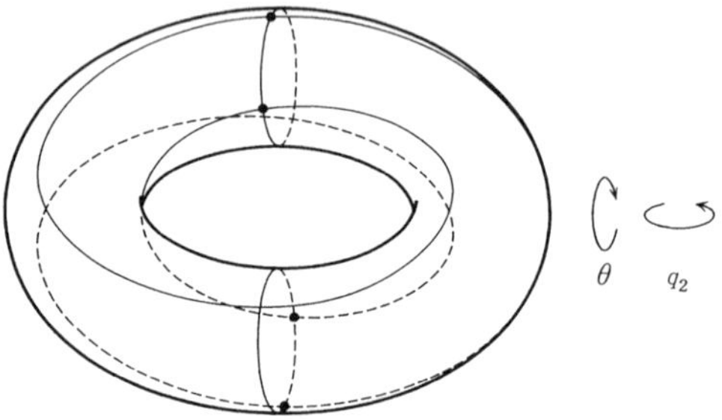

図 3.1　$\rho=\dfrac{3}{2}$ の場合の解曲線

定理 3.47(ii)を証明するには次の定理を用いる．

定理 3.48　ρ を無理数とする．このとき任意の正の数 ε, u に対して，正の整数 n,m が存在して，$|n\rho-m-u|<\varepsilon$ が成り立つ．　□

定理 3.48 の証明は(c)で行なう．

定理 3.47 の(ii)を定理 3.48 を用いて証明しよう．$\Sigma(\alpha,H_0)$ の任意の点 $(\boldsymbol{q}_0,\boldsymbol{p}_0)$ を考える．$\Sigma(\alpha,H_0)$ の点は q_2,θ の 2 つのパラメータで表わされた．このパラメータで書いたとき，$(\boldsymbol{q}_0,\boldsymbol{p}_0)$ は $\overline{q}_2,\theta_0$ であるとしよう．

次に解曲線を q_2,θ を使って $q_2(t),\theta(t)$ と表わす．$\theta(t_0)=\theta_0$ なる t_0 を選んでおく．

$\theta(t+T)-\theta(t)=\pm 2\pi$ なる T をとる．(3.45)より

$$\frac{q_2(t+T)-q_2(t)}{\theta(t+T)-\theta(t)} = \rho$$

だから，$q_2(T+t_0)=q_2(t_0)+2\pi\rho$ になる．

ここで定理 3.48 を $u=\dfrac{\bar{q}_2-q_2(t_0)}{2\pi}$ に対して使おう．((ii)の仮定より ρ は無理数であった．) すると，任意の ε に対して $|q_2(t_0)+2\pi n\rho-2\pi m-\bar{q}_2|<2\pi\varepsilon$ なる正の整数 n,m が存在する．よって

$$\begin{cases} \theta(t_0+nT)-\theta_0 = 2\pi n \\ |q_2(t_0)+2\pi n\rho-2\pi m-\bar{q}_2| < 2\pi\varepsilon \end{cases} \tag{3.46}$$

である．ε はいくらでも 0 に近くとれるから，(3.46)は，解曲線の $t=t_0+nT$ での値が $(\boldsymbol{q}_0,\boldsymbol{p}_0)$ にいくらでも近くとれることを意味する．これが証明すべきことであった． ∎

(c)　非有理回転

定理 3.48 の証明をしよう．これは円から自分自身への写像の振舞いについての定理とみなせる．すなわち，円 $S^1=\{x+\sqrt{-1}\,y\in\mathbb{C}\mid x^2+y^2=1\}$ を考え，$\varphi_\rho\colon S^1\to S^1$ なる写像を $\varphi_\rho(z)=e^{2\pi\sqrt{-1}\rho}z$ で定義する．証明したい主張，「整数 m があって $|n\rho-m-u|<\varepsilon$」は

$$\left|e^{2\pi\sqrt{-1}(n\rho-u)}-1\right| < 2\sin\pi\varepsilon$$

と同値である(図 3.2)．

よって次の定理を証明すればよい．

定理 3.49　円周上の任意の 2 点 z_1,z_2 に対して，n_i なる整数の列で

$$\lim_{i\to\infty}\varphi_\rho^{n_i}(z_1) = z_2$$

なるものが存在する．($\varphi_\rho^{n_i}$ は φ_ρ の n_i 回の繰り返しを指す．)

［証明］　背理法による．もし定理が正しくなければ，2 点 z_1,z_2 と正の数 ε で，どのような整数 n に対しても $|\varphi_\rho^n(z_1)-z_2|\geqq\varepsilon$ なるものが存在する．このような z_1,z_2 を 1 つ選び

$$\varepsilon = \inf\{|\varphi_\rho^n(z_1)-z_2| \mid n\in\mathbb{Z}\} \tag{3.47}$$

とおく．ε は背理法の仮定より正の数である．I を $I=\{z\in S^1\mid |z-z_2|<\varepsilon\}$ で

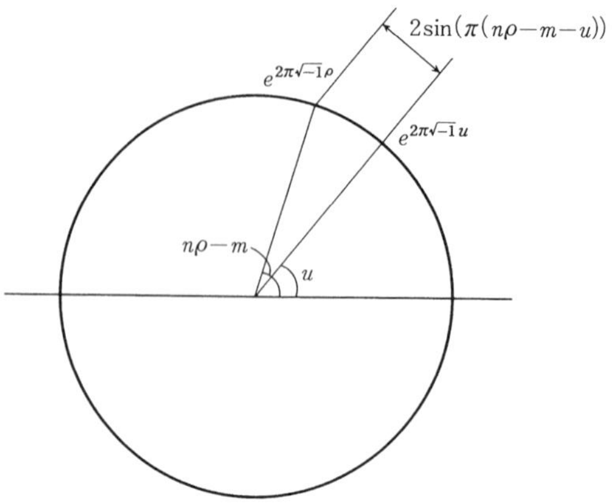

図 3.2 円周上の点と数直線上の点の対応

定める.

補題 3.50 任意の $n \neq m$ に対して $\varphi_\rho^n(I) \cap \varphi_\rho^m(I) = \emptyset$.

［証明］ 背理法による. $n \neq m$, $\varphi_\rho^n(I) \cap \varphi_\rho^m(I) \neq \emptyset$ としよう. $m > n$ としてよい. $r = m - n$ とおくと $I \cap \varphi_\rho^r(I) \neq \emptyset$.

ところで ρ は無理数であるから $n \neq m$ より $\varphi_\rho^r(z_2) \neq z_2$. よって $\varphi_\rho^{-r}(I) \neq I \neq \varphi_\rho^r(I)$. よって図 3.3 より

$$\inf\{|z - z_2| \mid z \notin \varphi_\rho^{-r}(I) \cup I \cup \varphi_\rho^r(I)\} > \varepsilon\,.$$

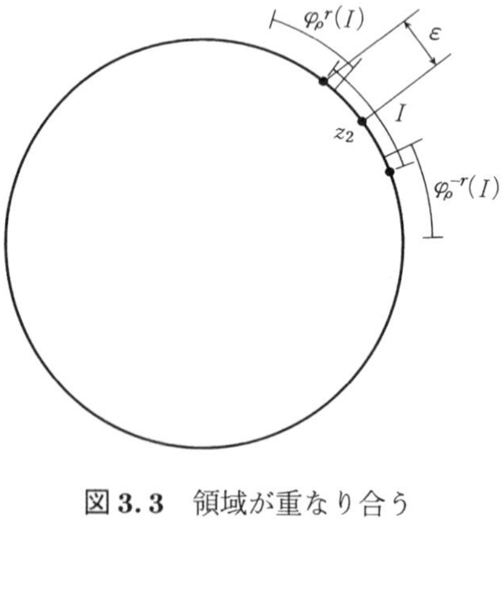

図 3.3 領域が重なり合う

一方(3.47)より，任意の n に対して $\varphi_\alpha^n(I)$ は $\{\varphi_\alpha^i(z_1)\,|\,i\in\mathbb{Z}\}$ と交わらない．よって

$$\{|\varphi_\alpha^n(z_1)-z_2|\;|\;n\in\mathbb{Z}\}\subseteqq\{|z-z_2|\;|\;z\notin\varphi_\alpha^{-r}(I)\cup I\cup\varphi_\alpha^r(I)\}.$$

したがって

回転数

定理3.49は回転を円周からそれ自身への写像とみなすと，その振舞いが，回転角が π の有理数倍の場合と無理数倍の場合で，大きく異なることを表わしている．ポアンカレは回転とは限らない円周からそれ自身への写像に対して，回転角に当たるものを定義した．これを回転数(rotation number)という．もう少し正確に書くと次のようになる．円周 S^1 を絶対値1の複素数全体とみなす．$\varphi\colon S^1\to S^1$ を円周から円周への微分可能な写像とする．すると $\widehat{\varphi}\colon\mathbb{R}\to\mathbb{R}$ なる写像で次の条件をみたすものが存在することが知られている．

$$\varphi(e^{2\pi it})=e^{2\pi i\widehat{\varphi}(t)},$$
$$\widehat{\varphi}(t+1)=\widehat{\varphi}(t)+1.$$

$\widehat{\varphi}$ の n 回の合成を $\widehat{\varphi}^n$ とおく．すなわち，$\widehat{\varphi}^1=\widehat{\varphi}$，$\widehat{\varphi}^n(x)=\widehat{\varphi}(\widehat{\varphi}^{n-1}(x))$．このとき，極限 $\mathrm{Rot}(\varphi)=\lim_{n\to\infty}(\widehat{\varphi}^n(x)-x)/n$ は，x によらない．また $\mathrm{Rot}(\varphi)$ は 2π の整数倍をのぞいて $\widehat{\varphi}$ によらない．$\mathrm{Rot}(\varphi)$ を回転数と呼ぶ．

φ が一定の角度 α の回転である場合は，$\widehat{\varphi}(t)=t+\alpha$ であるから

$$\mathrm{Rot}(\varphi)=\alpha$$

である．一般の場合の写像 $\varphi\colon S^1\to S^1$ の振舞いも，α が π の有理数倍の場合と無理数倍の場合で，大きく異なることが知られている．

例えば，一般の $\varphi\colon S^1\to S^1$ が角度 $\mathrm{Rot}(\varphi)$ の回転といつ「位相的に同じ」であるか，という問題がある．(位相的に同じという言葉の説明は省略する．) この問題の答は，$\mathrm{Rot}(\varphi)/\pi$ がどのくらい速く有理数で近似できるかによって変わる．これは共鳴(resonance)という現象と関係がある．1994年チューリッヒの国際数学者会議でフィールズ賞を受賞したヨコズ(Yoccoz)の業績の1つは，この問題を最終的に解決したことである．

$$\varepsilon < \inf\{|z-z_2| \mid z \notin \varphi_\rho^{-r}(I) \cup I \cup \varphi_\rho^r(I)\} \leqq \inf\{|\varphi_\rho^n(z_1)-z_2| \mid n \in \mathbb{Z}\}.$$

これは(3.47)に反する. ∎

さて補題3.50を用いて矛盾を導こう. 円弧 $\varphi_\alpha^n(I)$ の長さは I の長さに等しい. これらが補題3.50により互いに混じりあわないから, その合計は円周の長さ 2π より短い. ところが円弧 $\varphi_\alpha^n(I)$ は無限個あるから, その長さの合計は無限大である. これは矛盾である.

これで定理3.49の証明が完成した. ∎

(d)　2自由度完全積分可能系

定理3.47はある特殊なハミルトン系について述べたが, これはもう少し一般のハミルトニアンに対して成立する性質である. 2次元ユークリッド空間上の運動の場合にこれを述べよう.

定義3.51　$H(q_1, q_2, p_1, p_2)$ を $\mathbb{R}^4$ 上で定義されたハミルトニアンとする. これによって定まるハミルトン系が**完全積分可能**(completely integrable)とは, ハミルトン系の第1積分 G で $\operatorname{grad} G$ と $\operatorname{grad} H$ が各点で1次独立であるものが存在することを指す. □

中心力場の場合には角運動量が第1積分であった. 角運動量 A とハミルトニアン $H=\dfrac{p^2}{2}+K(r)$ の勾配ベクトルは, 原点を除いて1次独立であることが容易に証明できる. したがって, 平面上の中心力場のハミルトン系は, 原点の外で完全積分可能である. この場合の原点のような, いくつかの例外的な点で, $\operatorname{grad} G, \operatorname{grad} H$ が1次従属になっている場合にも, (例外的な点も含めて)完全積分可能ということもある.

完全積分可能系に対して定理3.47の一般化である次の定理が成立する.

定理3.52　$H(q_1, q_2, p_1, p_2)$ で定まるハミルトン系が, $\{H, G\}=0$ なる G をもち完全積分可能とする. 集合

$$\Sigma(H_0, G_0)=\{(\boldsymbol{q}, \boldsymbol{p}) \in \mathbb{R}^4 \mid H(\boldsymbol{q}, \boldsymbol{p}) = H_0,\ G(\boldsymbol{q}, \boldsymbol{p}) = G_0\}$$

はコンパクトで弧状連結であると仮定する. このとき

(i)　$\Sigma(H_0, G_0)$ はトーラスである.

(ii)　任意の H_0, G_0 に対して次のどちらかが成立する.

（イ） $\Sigma(H_0, G_0)$ に含まれる解はすべて周期解である.

（ロ） $\Sigma(H_0, G_0)$ に含まれる解はすべて $\Sigma(H_0, G_0)$ で稠密である. □

トーラス $\Sigma(H_0, G_0)$ を不変トーラスと呼ぶ.

n 次元空間の運動($2n$ 個の変数をもつハミルトン系)の場合には，n 個の第1積分，$G_1=H, G_2, \cdots, G_n$ があり，$\{G_i, G_j\}=0$ かつ $\mathrm{grad}\, G_1, \cdots, \mathrm{grad}\, G_n$ が1次独立であるときを，完全積分可能と呼ぶ．このとき定理3.52と類似の結果が成り立つ．これをアーノルド–リウビル(Arnol'd-Liouville)の定理という(参考書1. 参照).

定義 3.53 定理3.52(ii)(ロ)が成立するとき，この解は**準周期解**(quasi-periodic solution)と呼ばれる．3次元以上の空間の運動の場合も同様である. □

定理3.52の証明は，多少レベルが高いので付録で行なう.

この節の最初に考えた問題は，重力場のもとでの質点の運動(2あるいは1体問題)をハミルトン系のまま少し摂動すると何が起こるか，であった．中心力場のままで摂動を行なうと，上で述べたように，摂動された系も完全積分可能系である．ではもし，中心力場であるという制限を外して，つまり，原点に関する回転対称でない摂動をしたらどうであろうか．この場合は，ほとんどすべての摂動で系が完全積分可能でなくなる．このことを証明するにはいろいろ準備がいるので，この本ではできない．完全積分可能でない系については，巻末の「現代数学への展望」で少し触れる.

§3.4 曲面上の測地線

§1.5で変分問題からハミルトン方程式を導く方法について述べた．この節ではこれを曲面上の曲線の長さの問題に応用しよう.

(a) 測地線

3次元ユークリッド空間の中の曲線を考えよう．パラメータを決めてこの曲線を $\boldsymbol{l}\colon [0,1] \to \mathbb{R}^3$ とすると，$\boldsymbol{l}$ の長さは

$$\mathcal{L}(\boldsymbol{l}) = \int_0^1 \sqrt{\frac{d\boldsymbol{l}}{dt}\cdot\frac{d\boldsymbol{l}}{dt}}\,dt \tag{3.48}$$

である．S を曲面としその上に 2 点 A, B を決めて次の問題を考える．

問題 3.54　A, B を結ぶ S に含まれる曲線 $\boldsymbol{l}$ のうちで，長さが最小のものを求めよ．　□

長さが最小の曲線を**測地線**と呼ぶ．(正確な定義は(b)の最後を見よ．) 問題 3.54 を平面の上の道の空間上の最大最小問題に言い換える．そのために S の座標 $\varphi: U \to S$ を考える．ここでは簡単のため，S は 1 枚の座標で覆われているとした．U の座標を x^1, x^2 とし，$\varphi = (\varphi^1, \varphi^2, \varphi^3)$ とおく．また $\varphi(\boldsymbol{x}_0) = A$, $\varphi(\boldsymbol{x}_1) = B$ とする．

S に含まれる曲線 $\boldsymbol{l}: [0,1] \to \mathbb{R}^3$ を与えると，U 上の曲線 $\boldsymbol{x}(t)$ が定まり，$\boldsymbol{l}(t) = \varphi(\boldsymbol{x}(t))$ をみたす．逆に，U 上の曲線 $\boldsymbol{x}(t)$ は $\boldsymbol{l}(t) = \varphi(\boldsymbol{x}(t))$ によって，S 上の曲線 $\boldsymbol{l}$ を定める．曲線 $\boldsymbol{l}$ が A, B を結ぶという条件は $\boldsymbol{x}(0) = \boldsymbol{x}_0$, $\boldsymbol{x}(1) = \boldsymbol{x}_1$ と言い換えられる．

§1.4 の記号を用いると，A, B を結ぶ S に含まれる曲線全体は，$\Omega(\boldsymbol{x}_0, \boldsymbol{x}_1)$ の元と 1 対 1 に対応する．

$\boldsymbol{x}(t) \in \Omega(\boldsymbol{x}_0, \boldsymbol{x}_1)$ に対して，$\boldsymbol{l}(t) = \varphi(\boldsymbol{x}(t))$ の長さを計算しよう．合成関数の微分法により

$$\begin{aligned}\mathcal{L}(\boldsymbol{l}) &= \int_0^1 \sqrt{\frac{d\boldsymbol{l}}{dt}\cdot\frac{d\boldsymbol{l}}{dt}}\,dt \\ &= \int_0^1 \sqrt{\left(\frac{dx^i}{dt}(t)\frac{dx^j}{dt}(t)\right)\frac{\partial\varphi}{\partial x^i}(\boldsymbol{x}(t))\cdot\frac{\partial\varphi}{\partial x^j}(\boldsymbol{x}(t))}\,dt\end{aligned}$$

となる．ここで各 i, j に対して

$$g_{ij}(\boldsymbol{x}) = \frac{\partial\varphi}{\partial x^i}(\boldsymbol{x})\cdot\frac{\partial\varphi}{\partial x^j}(\boldsymbol{x}) = \sum_k \frac{\partial\varphi^k}{\partial x^i}(\boldsymbol{x})\frac{\partial\varphi^k}{\partial x^j}(\boldsymbol{x})$$

とおく．($(\boldsymbol{x})$ はしばしば省略する．) g_{ij} たちをまとめて**第 1 基本形式**(first fundamental form)または**リーマン計量**(Riemannian metric)と呼ぶ．これを用いると

$$\mathcal{L}(\boldsymbol{l})=\int_0^1\sqrt{\sum_{i,j}g_{ij}\frac{dx^i}{dt}\frac{dx^j}{dt}}\,dt \tag{3.49}$$

と表わされる．2×2 行列 (g_{ij}) は可逆な対称行列である．（これらのことについてより詳しくは，本シリーズ『曲面の幾何』を参照．）

(b)　長さとエネルギー

$$L(\boldsymbol{x},\boldsymbol{y})=\sqrt{\sum_{i=1}^2\sum_{j=1}^2 g_{ij}(\boldsymbol{x})y^iy^j} \tag{3.50}$$

$$\mathcal{L}(\boldsymbol{x},\dot{\boldsymbol{x}})=\int_0^1\sqrt{\sum_{i,j}g_{ij}(\boldsymbol{x}(t))\dot{x}^i(t)\dot{x}^j(t)}\,dt \tag{3.51}$$

とおく．問題 3.54 は $\mathcal{L}(\boldsymbol{x},\dot{\boldsymbol{x}})$ に対しての変分問題であった．しかし実は，(3.51)そのものから出発して，§1.4 の議論をするのはあまりうまくいかない．（根号のある関数を微分すると式が複雑で難しい．）そこでラグランジアンを次のものに置き換える．

$$E(\boldsymbol{x},\boldsymbol{y})=\frac{1}{2}\sum_{i=1}^2\sum_{j=1}^2 g_{ij}(\boldsymbol{x})y^iy^j \tag{3.52}$$

$$\mathcal{E}(\boldsymbol{x},\dot{\boldsymbol{x}})=\frac{1}{2}\int_0^1\sum_{i,j}g_{ij}(\boldsymbol{x}(t))\dot{x}^i(t)\dot{x}^j(t)dt \tag{3.53}$$

(3.51)は長さであったが，(3.53)を**エネルギー**(energy)とよぶ．この 2 つの変分問題の関係を調べよう．

補題 3.55

$$2\mathcal{E}(\boldsymbol{x},\dot{\boldsymbol{x}})\geqq(\mathcal{L}(\boldsymbol{x},\dot{\boldsymbol{x}}))^2 \tag{3.54}$$

がつねに成り立ち，また等号が成立するのは $L(\boldsymbol{x},\dot{\boldsymbol{x}})$ が定数(t によらない)の場合で，その場合に限る．

［証明］ $E(\boldsymbol{x}(t),\dot{\boldsymbol{x}}(t))=\dfrac{1}{2}L(\boldsymbol{x}(t),\dot{\boldsymbol{x}}(t))^2$ に注意する．$f(t)=L(\boldsymbol{x}(t),\dot{\boldsymbol{x}}(t))$，$\alpha=\mathcal{L}(\boldsymbol{x},\dot{\boldsymbol{x}})=\int_0^1 f(t)dt$ とおくと

$$0 \leqq \int_0^1 (f(t)-\alpha)^2 dt = \int_0^1 f(t)^2 dt - 2\alpha \int_0^1 f(t)dt + \alpha^2 = 2\mathcal{E}(\boldsymbol{x}, \dot{\boldsymbol{x}}) - \alpha^2 .$$

よって(3.54)が成立し，等号成立は $f(t)-\alpha \equiv 0$ のとき，つまり $L(\boldsymbol{x}, \dot{\boldsymbol{x}})$ が定数のときである． ∎

次の補題により，変数変換するといつでも(3.54)で等号が成立するようにできることがわかる．

補題 3.56　任意の $\boldsymbol{x}$ に対して変数変換 $t=t(s)$ が存在して，$\widetilde{\boldsymbol{x}}(s)=\boldsymbol{x}(t(s))$ とおくと，$L(\widetilde{\boldsymbol{x}}(s), \dot{\widetilde{\boldsymbol{x}}}(s))$ は s によらない．

［証明］　$f(t)=L(\boldsymbol{x}(t), \dot{\boldsymbol{x}}(t))$，$\alpha=\mathcal{L}(\boldsymbol{x}, \dot{\boldsymbol{x}})=\int_0^1 f(t)dt$ として，

$$s(t) = \frac{1}{\alpha}\int_0^t f(u)du$$

とおく．$f(t)$ はつねに正であるから $\dfrac{ds}{dt}>0$ で，また定義から $s(0)=0$，$s(1)=1$ である．この逆関数を $t=t(s)$ とおくと，これは $t(0)=0$，$t(1)=1$ でまた単調増加であるから，変数変換を与える．

一方，合成関数の微分により $\dfrac{d\widetilde{x}^i}{ds}=\dfrac{dx^i}{dt}\dfrac{dt}{ds}$ であるから

$$\sqrt{\sum_{i=1}^2\sum_{j=1}^2 g_{ij}(\widetilde{x}^1(s), \widetilde{x}^2(s))\frac{d\widetilde{x}^i}{ds}\frac{d\widetilde{x}^j}{ds}}$$

$$= \frac{dt}{ds}\sqrt{\sum_{i=1}^2\sum_{j=1}^2 g_{ij}(x^1(t), x^2(t))\frac{dx^i}{dt}\frac{dx^j}{dt}} = \frac{dt}{ds}f(t) .$$

ところが $\dfrac{dt}{ds}=\left(\dfrac{ds}{dt}\right)^{-1}=\alpha f(t)^{-1}$．よって $L(\widetilde{\boldsymbol{x}}(s), \dot{\widetilde{\boldsymbol{x}}}(s))=\alpha$．これは s によらない． ∎

このパラメータのことを**弧長パラメータ**と呼ぶ．補題 3.55 と補題 3.56 より次のことが示される．

定理 3.57　$\boldsymbol{x}\in\Omega(\boldsymbol{x}_0, \boldsymbol{x}_1)$ に対して次の 2 つの条件は同値である．

(i)　$\boldsymbol{x}$ で $\mathcal{E}$ が最小値をとる．

(ii)　$\boldsymbol{x}$ で $\mathcal{L}$ が最小値をとり，かつ，$L(\boldsymbol{x}, \dot{\boldsymbol{x}})$ は定数である．

［証明］　長さ $\mathcal{L}$ が変数変換で不変であることに注意する．すなわち，変数変換 $t=t(s)$ に対して $\widetilde{\boldsymbol{x}}(s)=\boldsymbol{x}(t(s))$ とおくと

$$\begin{aligned}\mathcal{L}(\widetilde{\boldsymbol{x}},\dot{\widetilde{\boldsymbol{x}}}) &= \int_0^1 \sqrt{\sum_{i,j} g_{ij}(\widetilde{\boldsymbol{x}}(s))\frac{\widetilde{x}^i(s)}{ds}\frac{\widetilde{x}^j(s)}{ds}}\,ds \\ &= \int_0^1 \frac{dt}{ds}\sqrt{\sum_{i,j} g_{ij}(\boldsymbol{x}(t))\frac{dx^i(t)}{dt}\frac{dx^j(t)}{dt}}\,ds \\ &= \int_0^1 \sqrt{\sum_{i,j} g_{ij}(\boldsymbol{x}(t))\frac{dx^i(t)}{dt}\frac{dx^j(t)}{dt}}\,dt \\ &= \mathcal{L}(\boldsymbol{x},\dot{\boldsymbol{x}}) \end{aligned} \tag{3.55}$$

である．

まず，(i)$\Longrightarrow$(ii)を証明する．$\boldsymbol{x}'$ を任意の $\Omega(\boldsymbol{x}_0,\boldsymbol{x}_1)$ の元とする．補題3.56の変数変換を行ない，$t=t(s)$，$\widetilde{\boldsymbol{x}}'(s)=\boldsymbol{x}'(t(s))$ を得たとする．(3.55)より $\mathcal{L}(\widetilde{\boldsymbol{x}}',\dot{\widetilde{\boldsymbol{x}}}')=\mathcal{L}(\boldsymbol{x}',\dot{\boldsymbol{x}}')$．よって補題3.55より

$$\begin{aligned}\mathcal{L}(\boldsymbol{x}',\dot{\boldsymbol{x}}') = \mathcal{L}(\widetilde{\boldsymbol{x}}',\dot{\widetilde{\boldsymbol{x}}}') &= \sqrt{2\mathcal{E}(\widetilde{\boldsymbol{x}}',\dot{\widetilde{\boldsymbol{x}}}')} \\ &\geqq \sqrt{2\mathcal{E}(\boldsymbol{x},\dot{\boldsymbol{x}})} \geqq \mathcal{L}(\boldsymbol{x},\dot{\boldsymbol{x}}).\end{aligned} \tag{3.56}$$

よって，$\boldsymbol{x}$ で $\mathcal{L}$ は最小値をとる．

さらに，$\boldsymbol{x}'=\boldsymbol{x}$ に対して(3.56)を当てはめると，等号が成立する．よって $L(\boldsymbol{x},\dot{\boldsymbol{x}})$ は定数である．

逆に(ii)を仮定する．任意の $\Omega(\boldsymbol{x}_0,\boldsymbol{x}_1)$ の元 $\boldsymbol{x}'$ に対して補題3.56の変数変換 $t=t(s)$，$\widetilde{\boldsymbol{x}}'(s)=\boldsymbol{x}'(t(s))$ を考える．（すなわち $L(\widetilde{\boldsymbol{x}}',\dot{\widetilde{\boldsymbol{x}}}')$ は定数とする．）すると補題3.56と(3.55)より

$$\mathcal{L}(\boldsymbol{x}',\dot{\boldsymbol{x}}') = \mathcal{L}(\widetilde{\boldsymbol{x}}',\dot{\widetilde{\boldsymbol{x}}}') = \sqrt{2\mathcal{E}(\widetilde{\boldsymbol{x}}',\dot{\widetilde{\boldsymbol{x}}}')}\,. \tag{3.57}$$

一方(ii)と補題3.55より

$$\mathcal{L}(\boldsymbol{x}',\dot{\boldsymbol{x}}') \geqq \mathcal{L}(\boldsymbol{x},\dot{\boldsymbol{x}}) = \sqrt{2\mathcal{E}(\boldsymbol{x},\dot{\boldsymbol{x}})}\,. \tag{3.58}$$

(3.57),(3.58)より(i)が成り立つ．■

以上で，長さを最小にする曲線を求める問題は，エネルギーを最小にする曲線を求める問題と同値であることがわかった．以下エネルギーを最小にする曲線を求めよう．

定義 3.58　$\boldsymbol{l}(t)=\varphi(\boldsymbol{x}(t))$ が**測地線**(geodesic)であるとは，(3.53)が $\boldsymbol{x}$ で定義1.21の意味で極値をとることを指す.

(c)　測地線を表わすハミルトン方程式

(3.53)で与えられるラグランジアンに対して，§1.4(d),(e)で述べた処方箋を適用して，測地線を表わすハミルトン方程式を求めよう.

まず $q^i=x^i$ とおくことができる．q^i と共役な運動量は

$$p_i=\frac{\partial E}{\partial y^i}=\sum_{j=1}^{2}g_{ij}(q^1,q^2)y^j \tag{3.59}$$

である．(g_{ij}) は可逆行列であるから，§1.4の仮定1.32はみたされる．よってハミルトニアンは式(1.40)で求められる．つまり

$$H(\boldsymbol{q},\boldsymbol{p})=\sum_i p_iy^i-E(\boldsymbol{q},\boldsymbol{p})=\sum_{i,j}g_{ij}y^jy^i-E(\boldsymbol{q},\boldsymbol{p})=E(\boldsymbol{q},\boldsymbol{p})$$

である．可逆 2×2 行列 (g_{ij}) の逆行列を (g^{ij}) で表わすと，

$$H(\boldsymbol{q},\boldsymbol{p})=\frac{1}{2}\sum_{i,j}g_{ij}(\boldsymbol{q})y^iy^j=\frac{1}{2}\sum_i p_iy^i=\frac{1}{2}\sum_{i,j}g^{ij}(\boldsymbol{q})p_ip_j\,. \tag{3.60}$$

これでハミルトン方程式を書き下すことができる．すなわち

$$\begin{cases}\dfrac{dq^i}{dt}=\dfrac{\partial H}{\partial p_i}=\displaystyle\sum_j g^{ij}p_j\\[2ex] \dfrac{dp_i}{dt}=-\dfrac{\partial H}{\partial q^i}=-\dfrac{1}{2}\displaystyle\sum_{j,k}\frac{\partial g^{jk}}{\partial q^i}p_jp_k\end{cases} \tag{3.61}$$

である．これが測地線の方程式をハミルトン形式で書いたものである．測地線の方程式を力学系と見たとき**測地流**(geodesic flow)という.

(d)　測地線の方程式

(3.61)を $\boldsymbol{x}$ の方程式に直してみよう．まず $\dfrac{\partial A^{-1}}{\partial x}=-A^{-1}\dfrac{\partial A}{\partial x}A^{-1}$ ゆえ

$$\frac{\partial g^{jk}}{\partial q^i}=-\sum_{l,m}g^{jl}\frac{\partial g_{lm}}{\partial q^i}g^{mk}\,. \tag{3.62}$$

これを使って(3.61)の第2式を書き換えると

$$\frac{dp_i}{dt} = -\frac{1}{2}\sum_{j,k}\frac{\partial g^{jk}}{\partial q^i}p_jp_k = \frac{1}{2}\sum_{j,k,l,m}\frac{\partial g_{lm}}{\partial q^i}g^{jl}g^{mk}p_jp_k\,. \tag{3.63}$$

(3.61)の第1式をtで微分して(3.61),(3.62),(3.63)を代入すると

$$\begin{aligned}\frac{d^2q^i}{dt^2} &= \sum_j \frac{dg^{ij}}{dt}p_j + \sum_j g^{ij}\frac{dp_j}{dt} = \sum_{j,k}\frac{\partial g^{ij}}{\partial q^k}\frac{dq^k}{dt}p_j + \sum_j g^{ij}\frac{dp_j}{dt} \\ &= -\sum_{j,k,l,m,n} g^{im}\frac{\partial g_{mn}}{\partial q^k}g^{nj}g^{kl}p_lp_j + \frac{1}{2}\sum_{j,k,l,m,n} g^{ij}\frac{\partial g_{mn}}{\partial q^j}g^{mk}g^{ln}p_kp_l \\ &= -\sum_{k,m,n} g^{im}\frac{\partial g_{mn}}{\partial q^k}y^ny^k + \frac{1}{2}\sum_{j,m,n} g^{ij}\frac{\partial g_{mn}}{\partial q^j}y^my^n \\ &= \frac{1}{2}\sum_{j,m,n} g^{ij}\left(-2\frac{dg_{jm}}{dq^n} + \frac{\partial g_{mn}}{\partial q^j}\right)\frac{dq^m}{dt}\frac{dq^n}{dt}\,.\end{aligned}$$

よって

$$\frac{d^2x^i}{dt^2} + \sum_{j,m,n}\frac{1}{2}g^{ij}\left(\frac{\partial g_{jm}}{\partial q^n} + \frac{\partial g_{jn}}{\partial q^m} - \frac{\partial g_{mn}}{\partial q^j}\right)\frac{dx^m}{dt}\frac{dx^n}{dt} = 0 \tag{3.64}$$

を得る．(3.64)が$\boldsymbol{x}(t)$が測地線であるための必要十分条件を与える．(3.64)の括弧の中の式を**クリストッフェルの記号**(Christoffel's symbol)という．すなわち

$$\Gamma^i_{nm} = \sum_j \frac{1}{2}g^{ij}\left(\frac{\partial g_{jm}}{\partial q^n} + \frac{\partial g_{jn}}{\partial q^m} - \frac{\partial g_{mn}}{\partial q^j}\right) \tag{3.65}$$

である．これを用いると我々の結論は次の通りである．

定理 3.59 $\boldsymbol{x}(t)$が測地線であるための必要十分条件は次の方程式で与えられる．

$$\frac{d^2x^i}{dt^2} + \sum_{m,n}\Gamma^i_{nm}\frac{dx^m}{dt}\frac{dx^n}{dt} = 0\,. \tag{3.66}$$

□

今まで曲面として述べてきたが，以上の計算はまったく変更することなく一般の次元で成り立つ．

(e) 回転面の測地線

これまでの結果を応用して，回転面の測地線を調べよう．$\boldsymbol{m}\colon (a,b)\to\mathbb{R}^2$

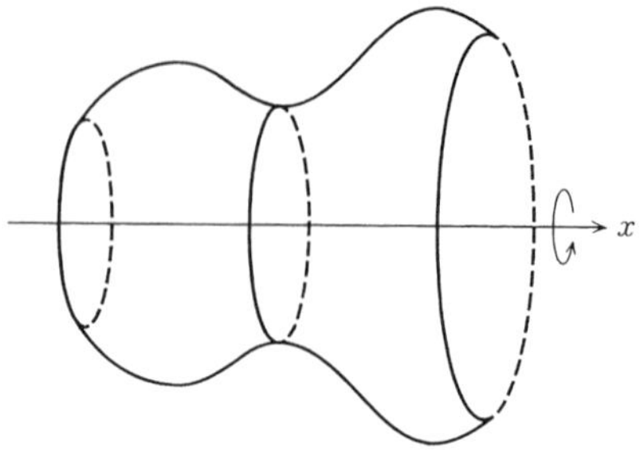

図 3.4　回転面

を xy 平面内の曲線とする．ただし $\boldsymbol{m}(u)$ の y 座標はいつも正と仮定する．この曲線を x 軸に沿って回転して得られる曲面 S を考えよう(図 3.4)．

$\boldsymbol{m}(u)=(m_1(u), m_2(u))$ とおくと，S の座標 $\varphi\colon (a,b)\times\mathbb{R}\to S$ を

$$\varphi(u,v) = (m_1(u), m_2(u)\cos v, m_2(u)\sin v) \tag{3.67}$$

にとれる．($\varphi(s,t+2\pi)=\varphi(s,t)$ であるから，座標系の定義のうちで単射性はみたされないが，ここでの考察には差し支えない．) この場合のハミルトン系(3.61)を考察しよう．リーマン計量は

$$g_{1,1}=\|\dot{\boldsymbol{m}}\|^2,\quad g_{1,2}=g_{2,1}=0,\quad g_{2,2}=m_2(u)^2$$

で与えられる．

$q_1=u$，$q_2=v$ とおくと，(3.59)より，共役な運動量は $p_1=\|\dot{\boldsymbol{m}}(q_1)\|^2\dot{q}_1$，$p_2=m_2(q_1)^2\dot{q}_2$ で与えられる．(2 乗とまぎらわしいので，この節の残りでは添字はすべて下につける．) これらで(3.60)のハミルトニアンを書くと

$$H(\boldsymbol{q},\boldsymbol{p}) = \frac{1}{2}\left(\|\dot{\boldsymbol{m}}(q_1)\|^{-2}p_1^2+m_2(q_1)^{-2}p_2^2\right). \tag{3.68}$$

これは q_2 を含まないから，p_2 は第 1 積分である．これはネーターの定理を，回転面の x 軸のまわりの回転に関する対称性に適用しても得られる．$p_2=\alpha$ とおき，$p_1=\|\dot{\boldsymbol{m}}\|^2\dot{q}_1$ に注意すると，(3.68)は

$$H = \frac{1}{2}\left(\|\dot{\boldsymbol{m}}(q_1)\|^2\dot{q}_1^2+m_2(q_1)^{-2}\alpha^2\right). \tag{3.69}$$

これから

$$\int^{q_1} \frac{\|\dot{\boldsymbol{m}}(u)\|^2}{\sqrt{2H - m_2(u)^{-2}\alpha^2}}\,du = t\,. \tag{3.70}$$

すなわち，$q_1(t)$ は(3.70)の積分の逆関数で与えられる．

例 3.60　$\boldsymbol{m}(u) = (u, 1)$ とする．このとき回転面 S は円筒である．(3.70)の左辺は

$$\int^{q_1} \frac{1}{\sqrt{2H - \alpha^2}}\,du = \frac{q_1}{\sqrt{2H - \alpha^2}} + C\,.$$

よって，$q_1(t) = \sqrt{2H - \alpha^2}\,t + C_1$，$q_2(t) = \alpha t + C_2$ が解である．　□

ところで，回転面の測地流は，2つの第1積分をもつから完全積分可能である．したがって曲面がコンパクトならば，定理3.52より解は準周期解かまたは周期解である．周期解であるときは閉じた測地線(閉測地線)が得られる．準周期解の場合は図3.5のようになる．

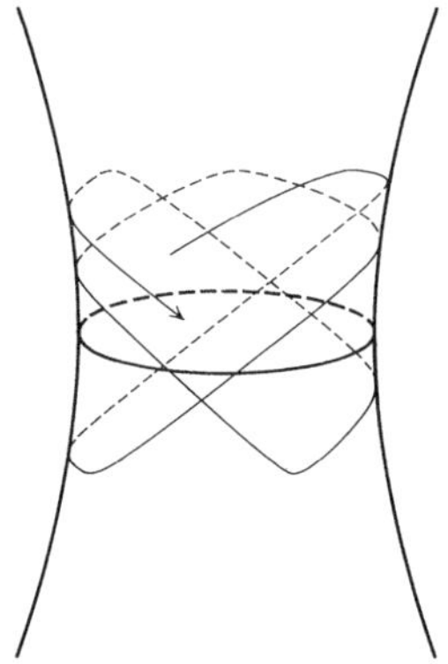

図 3.5　準周期的な測地線

問 6　$\boldsymbol{m}(u) = (u, 2u)$ の場合の測地線を求めよ．

(f)　楕円面の測地線

回転面でない場合の曲面の測地流で，完全積分可能な例として，楕円面が

知られている．ヤコビ(Jacobi)によるこのことの証明を述べる．見事な計算技法を楽しんでほしい*3．$a>b>c$ として方程式

$$\frac{x^2}{a-\sigma}+\frac{y^2}{b-\sigma}+\frac{z^2}{c-\sigma}=1 \tag{3.71}$$

で表わされる曲面 $\Sigma(\sigma)$ を考えよう．

補題 3.61　$x,y,z>0$ に対して(3.71)をみたす σ_i で $a>\sigma_1>b>\sigma_2>c>\sigma_3$ なるものがちょうど1つずつある．

[証明]　(3.71)の左辺を σ の関数とみなして，$h(\sigma)$ とおく．微分 $h'(\sigma)$ はいたるところ正である．また関数値 $h(\sigma)$ は $\sigma=a,b,c$ の前後で $+\infty$ から $-\infty$ に変わる．さらに，$\lim_{\sigma\to\pm\infty}=0$. よって，$h(\sigma)$ のグラフは図3.6の通りである．これから補題はただちに得られる．∎

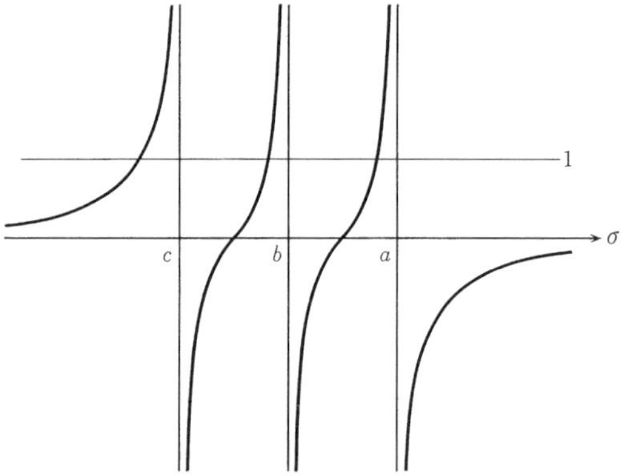

図 3.6　$h(\sigma)$ のグラフ

補題3.61より $\{(x,y,z)\in\mathbb{R}^3\mid x,y,z>0\}$ と $\{(\sigma_1,\sigma_2,\sigma_3)\in\mathbb{R}^3\mid a>\sigma_1>b>\sigma_2>c>\sigma_3\}$ の間の可微分同相写像ができる．この逆写像を $(x,y,z)=\Phi(\sigma_1,\sigma_2,\sigma_3)$ とおく．$(\sigma_1,\sigma_2,\sigma_3)$ を**楕円座標**(elliptic coordinates)という．

$a>\sigma_1>b>\sigma_2>c>\sigma_3$ とすると，$\Sigma(\sigma_1)$ は2葉双曲面，$\Sigma(\sigma_2)$ は1葉双曲面，$\Sigma(\sigma_3)$ は楕円面である(図3.7)．

---

*3　以下の記述は，G. Darboux, *Leçons sur la théorie générale des surfaces*, Gauthier-Villars, §459 を参考にした．

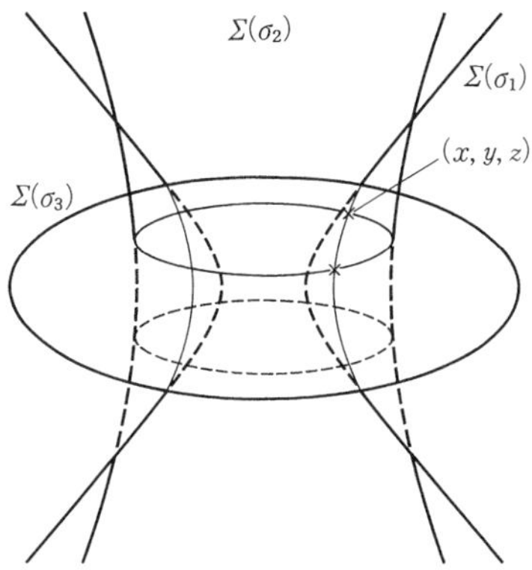

図 3.7　楕円座標

$(\sigma_1, \sigma_2, \sigma_3)$ を座標にすれば，曲面 $\Sigma(\sigma)$ は平面に写る．σ_3 を固定して，$\varphi(\sigma_1, \sigma_2) = \Phi(\sigma_1, \sigma_2, \sigma_3)$ とすれば，楕円面の座標が定まる．この座標による $\Sigma(\sigma_3)$ のリーマン計量を計算しよう．すなわち，$\varphi_*\left(\dfrac{\partial}{\partial\sigma_i}\right)\cdot\varphi_*\left(\dfrac{\partial}{\partial\sigma_j}\right)$ $(i, j = 1, 2)$ を求めよう．

補題 3.62　$\Sigma(\sigma_1)$ と $\Sigma(\sigma_2)$，$\Sigma(\sigma_1)$ と $\Sigma(\sigma_3)$，$\Sigma(\sigma_2)$ と $\Sigma(\sigma_3)$ は，それぞれの交点で直交する．(2 つの曲面が直交するとは，その法ベクトルが直交することを指す.)

[証明]　(x, y, z) での $\Sigma(\sigma)$ の法ベクトルは $\left(\dfrac{x}{a-\sigma}, \dfrac{y}{b-\sigma}, \dfrac{z}{c-\sigma}\right)$ である(『電磁場とベクトル解析』補題 2.7 参照)．(3.71) に $\sigma = \sigma_1$ を代入したものから，$\sigma = \sigma_2$ を代入したものを引くと，

$$\left(\frac{x}{a-\sigma_1}, \frac{y}{b-\sigma_1}, \frac{z}{c-\sigma_1}\right)\cdot\left(\frac{x}{a-\sigma_2}, \frac{y}{b-\sigma_2}, \frac{z}{c-\sigma_2}\right) = 0$$

が得られる．すなわち $\Sigma(\sigma_1)$ と $\Sigma(\sigma_2)$ は交点で直交する．$\Sigma(\sigma_1)$ と $\Sigma(\sigma_3)$ 等も同様である． ∎

ところで $\boldsymbol{l}(t) = \varphi(t, \sigma_2)$ は $\Sigma(\sigma_1) \cap \Sigma(\sigma_3)$ のパラメータで，$\boldsymbol{l}'(t) = \varphi(\sigma_1, t)$ は $\Sigma(\sigma_2) \cap \Sigma(\sigma_3)$ のパラメータである．よって補題 3.62 よりこの 2 つの曲線は直交する．つまり

$$\varphi_*\left(\frac{\partial}{\partial\sigma_1}\right)\cdot\varphi_*\left(\frac{\partial}{\partial\sigma_2}\right)=0. \tag{3.72}$$

次に $\varphi_*\left(\frac{\partial}{\partial\sigma_i}\right)\cdot\varphi_*\left(\frac{\partial}{\partial\sigma_i}\right)$ を計算しよう．恒等式

$$\frac{x^2}{a-\sigma_1}+\frac{y^2}{b-\sigma_1}+\frac{z^2}{c-\sigma_1}-1=0$$

を σ_1 で偏微分すると（すなわち $(x,y,z)=\varphi(\sigma_1,\sigma_2)$ とおいて，σ_2 を止めて偏微分する）

$$\begin{aligned}&2\frac{\partial x}{\partial\sigma_1}\frac{x}{a-\sigma_1}+2\frac{\partial y}{\partial\sigma_1}\frac{y}{b-\sigma_1}+2\frac{\partial z}{\partial\sigma_1}\frac{z}{c-\sigma_1}\\&=-\left(\frac{x}{a-\sigma_1}\right)^2-\left(\frac{y}{b-\sigma_1}\right)^2-\left(\frac{z}{a-\sigma_1}\right)^2\end{aligned} \tag{3.73}$$

が得られる．

ベクトル $\left(\frac{x}{a-\sigma_1},\frac{y}{b-\sigma_1},\frac{z}{c-\sigma_1}\right)$ は $\Sigma(\sigma_1)$ の法ベクトルであるから，補題3.62より $\Sigma(\sigma_3)$ および $\Sigma(\sigma_2)$ に接する．すなわち，$\sigma_1\sigma_2$ 平面での $\sigma_2=$一定なる曲線の φ による像に接する．よって，$\left(\frac{\partial x}{\partial\sigma_1},\frac{\partial y}{\partial\sigma_1},\frac{\partial z}{\partial\sigma_1}\right)$ と $\left(\frac{x}{a-\sigma_1},\frac{y}{b-\sigma_1},\frac{z}{c-\sigma_1}\right)$ は平行である．したがって(3.73)より

$$\left(\frac{\partial x}{\partial\sigma_1},\frac{\partial y}{\partial\sigma_1},\frac{\partial z}{\partial\sigma_1}\right)=-\frac{1}{2}\left(\frac{x}{a-\sigma_1},\frac{y}{b-\sigma_1},\frac{z}{a-\sigma_1}\right) \tag{3.74}$$

が得られる．次に

補題 3.63　$\psi(u)=(u-\sigma_1)(u-\sigma_2)(u-\sigma_3)$，$f(u)=2(a-u)(b-u)(c-u)$ とおくと，恒等式

$$\frac{x^2}{a-u}+\frac{y^2}{b-u}+\frac{z^2}{c-u}-1=\frac{2\psi(u)}{f(u)} \tag{3.75}$$

が成り立つ．

［証明］　(3.75)の両辺に $f(u)$ を掛けた式を考える．その両辺はいずれも u の3次多項式である．一方，(3.75)の両辺に $f(u)$ を掛けた式は両辺とも $\sigma_1,\sigma_2,\sigma_3$ を根にもち，u^3 の係数が2である．よって(3.75)が成立する．∎

(3.75)の左辺を σ_1 で偏微分した後，$u=\sigma_1$ とおく．すると，(3.74)より

$$-4\varphi_*\left(\frac{\partial}{\partial\sigma_1}\right)\cdot\varphi_*\left(\frac{\partial}{\partial\sigma_1}\right) \tag{3.76}$$

が得られる．一方(3.75)の右辺を σ_1 で偏微分した後，$u=\sigma_1$ とおく．すると，

$$\left.\frac{\partial\psi}{\partial\sigma_i}\right|_{u=\sigma_i} = -\psi'(\sigma_i)$$

より，$-\dfrac{2\psi'(\sigma_1)}{f(\sigma_1)}$ が得られる．よって補題3.63より，

$$\varphi_*\left(\frac{\partial}{\partial\sigma_1}\right)\cdot\varphi_*\left(\frac{\partial}{\partial\sigma_1}\right) = \frac{\psi'(\sigma_1)}{2f(\sigma_1)}. \tag{3.77}$$

σ_2 についても同じ式が成り立つ．これでリーマン計量が求まった．

(3.60)のハミルトニアンを計算すると

$$H = \frac{f(\sigma_1)}{\psi'(\sigma_1)}p_1^2 + \frac{f(\sigma_2)}{\psi'(\sigma_2)}p_2^2 = \frac{1}{(\sigma_2-\sigma_1)}\left(\frac{f(\sigma_1)p_1^2}{(\sigma_3-\sigma_1)} - \frac{f(\sigma_2)p_2^2}{(\sigma_3-\sigma_2)}\right). \tag{3.78}$$

これに対するハミルトン–ヤコビ方程式は次の通りである．

$$H = \frac{1}{(\sigma_2-\sigma_1)}\left(\frac{f(\sigma_1)\left(\dfrac{\partial S}{\partial\sigma_1}\right)^2}{(\sigma_3-\sigma_1)} - \frac{f(\sigma_2)\left(\dfrac{\partial S}{\partial\sigma_2}\right)^2}{(\sigma_3-\sigma_2)}\right). \tag{3.79}$$

これはリウビル型のハミルトン–ヤコビ方程式の典型例である．これを解くために，分母を払って整理すると

$$\frac{f(\sigma_2)\left(\dfrac{\partial S}{\partial\sigma_2}\right)^2}{(\sigma_3-\sigma_2)} + H\sigma_2 = \frac{f(\sigma_1)\left(\dfrac{\partial S}{\partial\sigma_1}\right)^2}{(\sigma_3-\sigma_1)} + H\sigma_1. \tag{3.80}$$

これで，変数分離ができた．すなわち，H, Q をパラメータにして

$$\frac{f(\sigma_1)\left(\dfrac{\partial S_1(\sigma_1)}{\partial\sigma_1}\right)^2}{(\sigma_3-\sigma_1)} + H\sigma_1 = Q = \frac{f(\sigma_2)\left(\dfrac{\partial S_2(\sigma_2)}{\partial\sigma_2}\right)^2}{(\sigma_3-\sigma_2)} + H\sigma_2$$

を解けば，$S=S_1+S_2$ を生成関数とする正準変換で H, Q が巡回座標になる．

よって H 以外に

$$\frac{f(\sigma_1)p_1^2}{(\sigma_3-\sigma_1)}+2H\sigma_1 = Q = \frac{f(\sigma_2)p_2^2}{(\sigma_3-\sigma_2)}+2H\sigma_2 \tag{3.81}$$

が第1積分になる．こうして，2つの第1積分が求められたので，次の定理が示されたことになる．

定理 3.64　楕円面の測地流は完全積分可能系である． □

(3.81)が第1積分であることを使えば，楕円面の測地線の様子がわかる．これを次に問として与える．

問 7*　$Hc<Q<Hb$ のときは，この Q, H に対応する測地線は，$\sigma_2 = \dfrac{Q}{H}$ に対する1葉双曲面 $\Sigma(\sigma_2)$ と $\Sigma(\sigma_3)$ の交わりである2つの閉曲線に交互に接しながら，z 軸の周りを回ることを確かめよ．

問 8*　$Hc<Q<Ha$ のときは，この Q, H に対応する測地線は，$\sigma_1 = \dfrac{Q}{H}$ に対する2葉双曲面 $\Sigma(\sigma_1)$ と $\Sigma(\sigma_3)$ の交わりである2つの閉曲線に交互に接しながら，x 軸の周りを回ることを確かめよ．

§3.5　コマの運動

§2.4(f)では剛体の運動を表わすやり方を述べた．特に1点で固定された剛体に対しては，その運動は $SO(3)$ の道 $R(t)$ で与えられた．この節では重力の下での，1点で固定された剛体，すなわちコマの運動を記述する運動方程式を考えよう．

(a)　慣性モーメント

まず(重力も含めて)何の力も働いていない場合を考えよう．重力がある場合にも，固定されている1点がコマの重心である場合には，コマには結果的には重力は働かないことがわかる((c)参照)から，以下の考察が適用できる．このとき $R(t)$ で表わされる運動が運動方程式の解であれば，ある(t によらない)$SO(3)$ の元 B をとったとき，$BR(t)$ も運動方程式の解である．

すなわちこの運動方程式は，$SO(3)$ の作用で不変である．$SO(3)$ の作用の無限小変換は反対称 3×3 行列で表わされた．反対称 3×3 行列全体は3次元のベクトル空間をなすから，ネーターの定理を用いると，3つの1次独立な第1積分が存在する．この第1積分は角運動量(ベクトル)の成分である．これを計算しよう．

§2.4(f)で反対称行列 $\Omega(t)$ とベクトル $\Xi(t)$ を導入した．$\Xi(t)$ は時刻 t でのコマの回転軸と角速度を表わしていた．ベクトル $\xi(t)$ と反対称行列 $\omega(t)$ を

$$\xi(t) = R(t)^{-1}\Xi(t),$$
$$\omega(t) = R(t)^{-1}\frac{dR(t)}{dt} = R(t)^{-1}\Omega(t)R(t) = \widehat{\xi(t)}$$

で定義する．($\omega(t)$ の定義中の等式は補題2.61による．)

注意 3.65 以後いくつかの量について小文字と大文字が両方現れる場合がある．その場合，小文字で表わされる量は大文字で表わされる量を「剛体に固定された座標で見た量」である．このことの正確な意味は，ここでは必要ないので述べない．

補題 3.66 コマの上の点 $R(t)\boldsymbol{x}$ の速度は，$R(t)(\xi(t)\times\boldsymbol{x})$ である．

[証明] 式(2.37)より

$$\frac{d(R(t)\boldsymbol{x})}{dt} = \frac{dR(t)}{dt}\boldsymbol{x} = R(t)\omega(t)\boldsymbol{x} = R(t)(\xi(t)\times\boldsymbol{x}).$$ ∎

$\Delta\boldsymbol{x}$ をある点 $R(t)\boldsymbol{x}$ の近くの，体積が δ の微小な領域とする．コマの $\Delta\boldsymbol{x}$ の部分の重さが $\delta\rho(\boldsymbol{x})$ であるとしよう．剛体の運動の記述より $\rho(\boldsymbol{x})$ は t によらない．この $\rho(\boldsymbol{x})$ を使って時刻 t でのコマのもっている角運動量および運動エネルギーを計算しよう．

$\Delta\boldsymbol{x}$ の部分がもっている角運動量(ベクトル) $\boldsymbol{A}(\Delta\boldsymbol{x})$ とエネルギー $H(\Delta\boldsymbol{x})$ は，補題3.66と角運動量の定義(§3.2(e))および補題2.60より

$$\begin{cases} \boldsymbol{A}(\Delta\boldsymbol{x}) = \delta\rho(\boldsymbol{x})R(t)\boldsymbol{x}\times R(t)(\xi(t)\times\boldsymbol{x}) \\ \qquad\qquad = -\delta\rho(\boldsymbol{x})R(t)(\boldsymbol{x}\times(\boldsymbol{x}\times\xi(t))) \\ H(\Delta\boldsymbol{x}) = \dfrac{1}{2}\delta\rho(\boldsymbol{x})\|R(t)(\boldsymbol{x}\times\xi(t))\|^2 = \dfrac{1}{2}\delta\rho(\boldsymbol{x})\|\boldsymbol{x}\times\xi(t)\|^2 \end{cases} \tag{3.82}$$

である．これを積分すれば，角運動量ベクトル $\boldsymbol{A}(t)$ とエネルギー $H(t)$ が得られる．よって，式(2.37)および $\widehat{\boldsymbol{x}}$ が反対称行列であることより

$$\boldsymbol{A}(t) = -R(t)\int_D \rho(\boldsymbol{x})\widehat{\boldsymbol{x}}^2\xi(t)d\boldsymbol{x},$$

$$H(t) = \frac{1}{2}\int_D \rho(\boldsymbol{x})\widehat{\boldsymbol{x}}\xi(t)\cdot\widehat{\boldsymbol{x}}\xi(t)d\boldsymbol{x} = -\xi(t)\cdot\frac{1}{2}\int_D \rho(\boldsymbol{x})\widehat{\boldsymbol{x}}^2\xi(t)d\boldsymbol{x}\,.$$

定義 3.67　3×3 行列

$$-\int_D \rho(\boldsymbol{x})\widehat{\boldsymbol{x}}^2 d\boldsymbol{x}$$

のことをコマの**慣性モーメント**(moment of inertia)と呼び m と書く．また $M(t) = R(t)mR(t)^{-1}$ とおく．　□

$\widehat{\boldsymbol{x}}$ は反対称行列であるから，$\widehat{\boldsymbol{x}}^2$ は対称行列である．したがって m も対称行列である．角運動量ベクトル $\boldsymbol{A}(t)$ と運動エネルギー $H(t)$ は

$$\begin{cases} \boldsymbol{A}(t) = R(t)(m\xi(t)) = M(t)\Xi(t) \\ H(t) = \dfrac{\xi(t)\cdot m\xi(t)}{2} = \dfrac{\Xi(t)\cdot M(t)\Xi(t)}{2} \end{cases} \tag{3.83}$$

で与えられる．$\boldsymbol{a}(t)$ を

$$\boldsymbol{a}(t) = R(t)^{-1}\boldsymbol{A}(t) = m\xi(t)$$

で定義する．

(b)　オイラーのコマ

外から力が働いていないコマを**オイラーのコマ**という．この場合は角運動量は保存される．よって(3.83)の第1式の微分は0である．すなわち

$$0 = \frac{d(R(t)(m\xi(t)))}{dt} = \frac{dR(t)}{dt}m\xi(t) + R(t)m\frac{d\xi(t)}{dt}\,. \tag{3.84}$$

よって(3.84)に左から $R(t)^{-1}$ を掛けると

$$\frac{d\boldsymbol{a}(t)}{dt}+\omega(t)\boldsymbol{a}(t)=0\,.$$

あるいは補題2.62を使って

$$\frac{d\widehat{\boldsymbol{a}}(t)}{dt}=[\widehat{\boldsymbol{a}}(t),\omega(t)]\,. \tag{3.85}$$

($[A,B]=AB-BA$ であった.) m は対称行列であるから，これが対角行列であるような座標を選び

$$m=\begin{pmatrix} I_1 & 0 & 0 \\ 0 & I_2 & 0 \\ 0 & 0 & I_3 \end{pmatrix}$$

とすることができる．$\xi(t)=(\xi_1(t),\xi_2(t),\xi_3(t))$ とおくと，

$$\boldsymbol{a}(t)=(I_1\xi_1(t),I_2\xi_2(t),I_3\xi_3(t)),$$
$$\omega(t)=\begin{pmatrix} 0 & -\xi_3(t) & \xi_2(t) \\ \xi_3(t) & 0 & -\xi_1(t) \\ -\xi_2(t) & \xi_1(t) & 0 \end{pmatrix}$$

ゆえ

$$\begin{cases} I_1\dot{\xi}_1=(I_2-I_3)\xi_2\xi_3 \\ I_2\dot{\xi}_2=(I_3-I_1)\xi_3\xi_1 \\ I_3\dot{\xi}_3=(I_1-I_2)\xi_1\xi_2 \end{cases} \tag{3.86}$$

が得られる．(3.86)を**オイラーの方程式**という．(3.86)に直接代入すると次の補題が確かめられる．(角運動量の大きさの方は角運動量保存法則から(3.86)を導いたのだから明らか.)

補題3.68　エネルギー

$$H=\frac{\xi\cdot m\xi}{2}=\frac{I_1\xi_1^2+I_2\xi_2^2+I_3\xi_3^2}{2}$$

と，角運動量の大きさ

$$A=\|\boldsymbol{A}(t)\|^2=\|\boldsymbol{a}(t)\|^2=I_1^2\xi_1^2+I_2^2\xi_2^2+I_3^2\xi_3^2$$

は(3.86)の積分曲線の上で一定である．□

等エネルギー面 $I_1\xi_1^2+I_2\xi_2^2+I_3\xi_3^2=2H_0$，等運動量面 $I_1^2\xi_1^2+I_2^2\xi_2^2+I_3^2\xi_3^2=A_0$ はともに楕円面である．補題3.68より $\xi(t)=(\xi_1(t),\xi_2(t),\xi_3(t))$ はこの交わりに含まれる．見やすくするため，$\boldsymbol{a}(t)=(a_1(t),a_2(t),a_3(t))$ に対する絵を描く．等運動量面はこの場合は球面で，等エネルギー面は楕円面である．2つの面が接するのは x,y,z 軸のどれかとの交点である．図3.8は等エネルギー面を決めて，それと各々の等運動量面との交わりを描いていったものである．

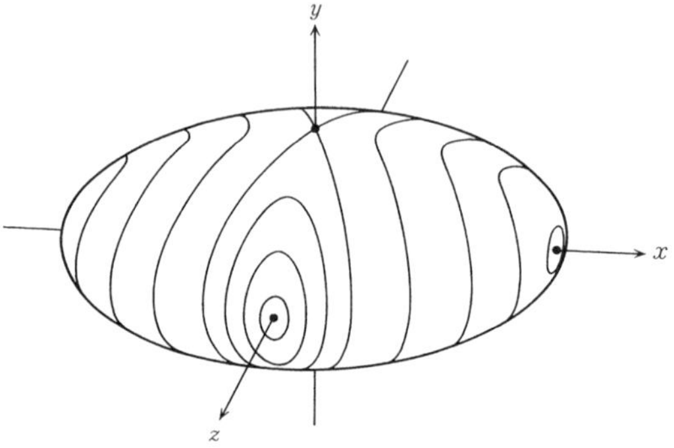

図3.8　オイラーの方程式の積分曲線

x,y,z 軸のどれかの点，すなわち ξ_1,ξ_2,ξ_3 のどれか2つが消える点を考えると，(3.86)の右辺は0で，したがって $\xi(t)=(\xi_1(t),\xi_2(t),\xi_3(t))$ は定数である．この3つの軸を剛体の**慣性主軸**(principal axis of inertia)と呼ぶ．慣性主軸の周りでの回転が初期条件であると，$\xi(t)$ は定数である．よって，$R(t)^{-1}\dfrac{dR(t)}{dt}=\widehat{\xi(t)}$ より，コマは一定の速度で同じ軸を回り続ける．

等エネルギー面上のこの6点以外では(3.86)の右辺は0ではない．したがって $\xi(t)=(\xi_1(t),\xi_2(t),\xi_3(t))$ は図3.8の各々の線の上を動く．これは y 軸と等エネルギー面との交点とつながる2本の線を除いては閉曲線である．

必要なら座標軸を入れ替えて，$I_1\leqq I_2\leqq I_3$ としてよい．x 軸または z 軸の近くに初期条件をとると，$\xi(t)$ の軌道は図3.9のイまたはロであるから $\xi(t)$ は定数ではないがほとんど定数である．したがってコマはほぼ一定の速度でほんの少し振れていく軸を回り続ける．(ただし $R(t)$ 自身は一般には準周期

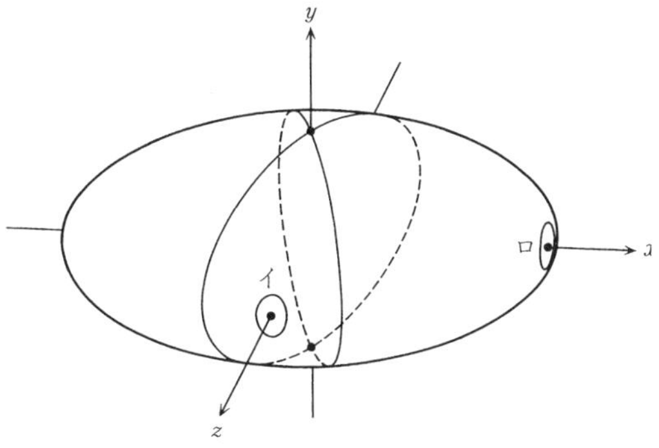

図 3.9　x 軸または z 軸から少しずれた回転

解で周期解とは限らない.)

y 軸の近くに初期条件をとると，$\xi(t)$ の軌道は図 3.10 のイまたはロになる．したがって $\xi(t)$ は初期値とは大きくずれる.

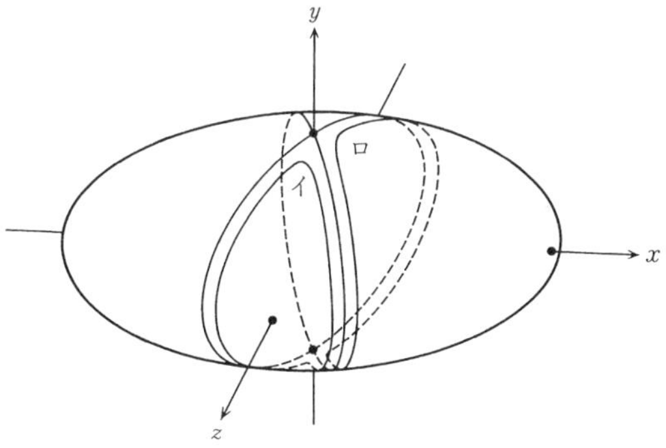

図 3.10　y 軸の近くに初期条件をとった場合

例えば楕円体 $\dfrac{X^2}{A^2}+\dfrac{Y^2}{B^2}+\dfrac{Z^2}{C^2}\leqq 1$，$A \ll B \ll C$ 上に一様に質量が分布したコマの場合を考える．すると，X, Y, Z 軸が慣性主軸で慣性モーメントは $I_1 \ll I_2 \ll I_3$ である．このコマを Y 軸から少しはずれた方向に軸を回してみる．すると $\xi(t)$ は図 3.10 のように動く．$A \ll B \ll C$ よりコマは棒状のコマに近い．したがってコマ自身が第 1 の慣性主軸の周りを自転していることになる.

このように3種類の周期解(各々の慣性主軸の周りの回転)は少し摂動したときの振舞いが異なる．すなわち第1と第3の主軸の周りの回転は摂動に対して安定であるが，第2の主軸の周りの回転は不安定である．

問9　$I_2=I_3$ のとき方程式(3.86)を具体的に解け．

(c)　重力が働いているときのコマの方程式

次に重力が働いている場合の方程式を書いてみよう．そのために次のことを用いる．

法則 3.69　$R(t)\boldsymbol{x}$ の近くの，体積が δ の微小な領域 $\Delta\boldsymbol{x}$ にあるコマの部分が，時刻 t で受ける力が $\delta\boldsymbol{F}(R(t)\boldsymbol{x})$ とすると，角運動量の変化は次の式で与えられる．

$$\frac{d\boldsymbol{A}}{dt}=\int_D R(t)\boldsymbol{x}\times\boldsymbol{F}(\boldsymbol{x})d\boldsymbol{x}\,.$$

□

法則3.69は次の図3.11から得られる．コマに働いている力は重力だけであるとする．重力場の方向は z 軸の負の方向で，大きさは質量に比例する(比例定数は1)とする．

すると法則3.69で $\delta\boldsymbol{F}(R(t)\boldsymbol{x})=-\delta\rho(\boldsymbol{x})\boldsymbol{e}_3$ である．よって，補題2.60より

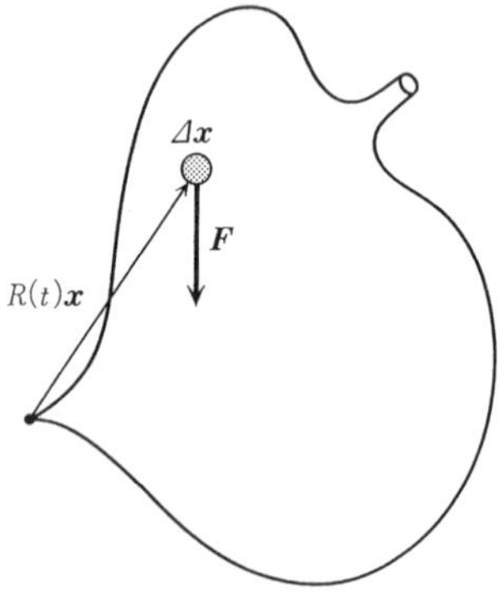

図 3.11　コマに働く力

$$\frac{d\boldsymbol{A}}{dt} = \int_D R(t)\boldsymbol{x}\times\boldsymbol{F}(\boldsymbol{x})d\boldsymbol{x} = -\int_D \delta\rho(\boldsymbol{x})R(t)\boldsymbol{x}\times\boldsymbol{e}_3 d\boldsymbol{x} = -R(t)\boldsymbol{x}_0\times\boldsymbol{e}_3 . \tag{3.87}$$

ここで $\boldsymbol{x}_0 = \int_D \rho(\boldsymbol{x})\boldsymbol{x}d\boldsymbol{x}$ はコマが領域 D を占めているときの重心の位置ベクトルにコマの質量を掛けたものである．$\boldsymbol{l}(t) = R(t)^{-1}\boldsymbol{e}_3$ とおく．すると，p. 135 の ω の定義式より

$$\frac{d\boldsymbol{l}(t)}{dt} = \frac{dR(t)^{-1}}{dt}\boldsymbol{e}_3 = -\omega(t)R(t)^{-1}\boldsymbol{e}_3 = -\omega(t)\boldsymbol{l}(t)$$

が成り立つ．次に(3.87)の両辺に $R(t)^{-1}$ を掛けて，(3.83)を用いると，補題 2.60 より

$$\begin{aligned}-\boldsymbol{x}_0\times\boldsymbol{l}(t) = R(t)^{-1}\frac{d\boldsymbol{A}}{dt} &= \frac{d}{dt}(R(t)^{-1}\boldsymbol{A}) - \frac{dR(t)^{-1}}{dt}\boldsymbol{A} \\ &= m\frac{d\xi(t)}{dt} + R(t)^{-1}\frac{dR(t)}{dt}m\xi(t) = \frac{d\boldsymbol{a}(t)}{dt} + \omega(t)\boldsymbol{a}(t) .\end{aligned}$$

この 2 つをまとめて，補題 2.61，2.62 を用いると次の方程式を得る．これが一般の重力場のもとでのコマの方程式である．

$$\begin{cases} \dfrac{d\widehat{\boldsymbol{a}}(t)}{dt} = [\widehat{\boldsymbol{a}}(t), \omega(t)] + [\widehat{\boldsymbol{l}}(t), \widehat{\boldsymbol{x}}_0] \\ \dfrac{d\widehat{\boldsymbol{l}}(t)}{dt} = [\widehat{\boldsymbol{l}}(t), \omega(t)] \end{cases} \tag{3.88}$$

(d)　コマの方程式についての注釈

(3.88)を解くのは容易でない．これは常微分方程式であるから，解は任意の初期条件に対していつも存在する．しかし解を具体的に求めること，あるいは第 1 積分を求めることは一般にはできない．すなわち一般には(3.88)は§3.3 の意味で完全積分可能ではない．運動を表わす未知関数 $R(t)$ は 3 次元の空間を動くから，3 つの第 1 積分を求めることができれば完全積分可能である．ネーターの定理によれば系の対称性から第 1 積分が求められる．重力は z 軸方向だけに働くから，一般に z 軸を軸とした回転で系はいつも不変で

ある．したがって，エネルギーと角運動量の z 軸成分の 2 つの第 1 積分がいつもある．しかし第 3 の第 1 積分は一般には存在しない．((3.88)の場合の第 3 の第 1 積分のことを**第 3 積分**と呼ぶのが伝統である.)

第 3 積分が存在し，系が完全積分可能な場合として 3 種類がある．1 つが(b)で述べたオイラーのコマ $\boldsymbol{x}_0=\boldsymbol{0}$ で，この場合は運動量の各成分がすべて不変であるから，全角運動量が第 3 積分である．

第 2 の場合が**ラグランジュのコマ**で，$\boldsymbol{x}_0=\boldsymbol{e}_3$ かつ $I_1=I_2$ の場合である．つまり，原点(コマが固定されている点)と重心を結ぶ軸についてコマが対称な場合である．この場合は原点と重心を結ぶ軸についての回転で系が不変であるから，これに対応する第 1 積分がある．つまり角運動量の重心の方向の成分である．

第 3 の場合，**コワレフスカヤ**(Kovalevskaya)**のコマ**は，$\boldsymbol{x}_0=\boldsymbol{e}_3$ かつ $2I_1=I_2=I_3$ の場合である．他の 2 つの場合と違ってこの場合は，第 3 積分は系の見てわかるような対称性からは導かれず，いわば隠れた対称性から導かれている．このような隠れた対称性は今世紀後半になって盛んに研究されている新しい完全積分可能系の研究の先駆をなす重要なものであるが，この本ではコワレフスカヤのコマは述べない．参考書 2. を参照せよ．

以後はラグランジュのコマについて述べる．

(e) オイラーの角

ラグランジュのコマを調べるには，コマの方程式をラグランジアンまたはハミルトニアンを用いて記述する必要がある．

そこで困るのは，我々の配位空間が $SO(3)$ という曲がった空間であることである．曲がった空間の上の解析力学を組織的に調べるには，多様体の概念を用いるのがよいが，本書では多様体には触れない．

曲がった空間の上のハミルトン系として，我々はすでに前の節で測地流を扱った．そこでは最初から座標を入れて考えることで，多様体をもち出すことを避けた．ここでも同様に $SO(3)$ に座標を入れて考えよう．すなわち $SO(3)$ の元を 3 つの実数で表わそう．

以後 $\boldsymbol{x}_0 = \boldsymbol{e}_3$ かつ $I_1 = I_2 = J,\ I_3 = I$ と仮定する．ラグランジュのコマの特徴は，重心の周りの回転と z 軸の周りの回転で系が不変であることである．この対称性をきれいに表わしている $SO(3)$ の「座標」がこれから述べる**オイラーの角**である．

$\mathcal{R}_x(\theta), \mathcal{R}_y(\theta), \mathcal{R}_z(\theta)$ でそれぞれ x 軸，y 軸，z 軸の周りの角 θ の回転を表わす．

時刻 t での重心の方向は $R(t)\boldsymbol{e}_3$ である．したがって，その周りの回転は $R(t)\mathcal{R}_z(\theta)R(t)^{-1}$ で表わされる．すなわち，重心の周りの回転で，$R(t)$ は $R(t)\mathcal{R}_z(\theta)$ になる．また z 軸の周りの回転で $R(t)$ は $\mathcal{R}_z(\theta)R(t)$ に写る．これから次の定義がこの 2 つの対称性と自然に関わることがわかるであろう．

定義 3.70（オイラーの角）　写像 $\mathcal{E}\colon \mathbb{R}^3 \to SO(3)$ を

$$\mathcal{E}(\varphi, \theta, \psi) = \mathcal{R}_z(\varphi)\mathcal{R}_x(\theta)\mathcal{R}_z(\psi)$$

で定義する．□

補題 3.71　任意の $B \in SO(3)$ に対して $\mathcal{E}(\varphi, \theta, \psi) = B$ なる φ, θ, ψ が存在する．

［証明］　$\mathcal{E}(\varphi, \theta, \psi)\boldsymbol{e}_3 = (\sin\varphi\sin\theta, -\cos\varphi\sin\theta, \cos\theta)$ である．したがって $\mathcal{E}(\varphi, \theta, 0)\boldsymbol{e}_3 = B\boldsymbol{e}_3$ なる φ, θ が存在する．$\boldsymbol{e}_3 = \mathcal{E}(\varphi, \theta, 0)^{-1}B\boldsymbol{e}_3$ ゆえ $\mathcal{E}(\varphi, \theta, 0)^{-1}B$ は z 軸の周りの回転であるから，$\mathcal{E}(\varphi, \theta, 0)^{-1}B = \mathcal{R}_z(\psi)$ なる ψ が存在する．よって $\mathcal{E}(\phi, \theta, \psi) = B$． ∎

注意 3.72　写像 $\mathcal{E}\colon \mathbb{R}^3 \to SO(3)$ は単射ではない．$\mathcal{E}$ はほとんどの点に対してその近くで可微分同相写像であるが，ヤコビ行列の階数が 3 でない点もある．写像 $\mathcal{E}$ は球面の場合の経度と緯度による「座標」と同様な性格のものである．$\mathcal{E}$ のヤコビ行列が可逆でない点の近傍をきちんと考えるには，$SO(3)$ を何枚かの座標で覆う必要があるが，ここではその点は考えない．

(f) ラグランジュのコマ

補題 3.71 より，コマの運動を表わす行列 $R(t)$ を $\varphi(t), \theta(t), \psi(t)$ を使って，$R(t) = \mathcal{E}(\varphi(t), \theta(t), \psi(t))$ で表わす．すると $\omega(t) = R(t)^{-1}\dfrac{dR(t)}{dt}$ ゆえ

$$\omega(t) = \mathcal{R}_z(\psi)^{-1}\mathcal{R}_x(\theta)^{-1}\mathcal{R}_z(\varphi)^{-1}\frac{d(\mathcal{R}_z(\varphi)\mathcal{R}_x(\theta)\mathcal{R}_z(\psi))}{dt}$$
$$= \mathcal{R}_z(\psi)^{-1}\frac{d\mathcal{R}_z(\psi)}{dt} + \mathcal{R}_z(\psi)^{-1}\mathcal{R}_x(\theta)^{-1}\frac{d\mathcal{R}_x(\theta)}{dt}\mathcal{R}_z(\psi)$$
$$+\mathcal{R}_z(\psi)^{-1}\mathcal{R}_x(\theta)^{-1}\mathcal{R}_z(\varphi)^{-1}\frac{d\mathcal{R}_z(\varphi)}{dt}\mathcal{R}_x(\theta)\mathcal{R}_z(\psi) \qquad (3.89)$$

が成り立つ．$\mathcal{R}_z(t)^{-1}\dfrac{d\mathcal{R}_z(t)}{dt} = \widehat{\boldsymbol{e}}_3$，$\mathcal{R}_x(t)^{-1}\dfrac{d\mathcal{R}_x(t)}{dt} = \widehat{\boldsymbol{e}}_1$ より(3.89)と補題2.61を使って

$$\dot{\xi} = \dot{\psi}\boldsymbol{e}_3 + \mathcal{R}_z(-\psi)\dot{\theta}\boldsymbol{e}_1 + \mathcal{R}_z(-\psi)\mathcal{R}_x(-\theta)\dot{\varphi}\boldsymbol{e}_3 . \qquad (3.90)$$

よって(3.83)より運動エネルギー H_m は

$$H_m = \frac{m\dot{\xi}\cdot\dot{\xi}}{2} = \frac{I(\cos\theta\dot{\varphi}+\dot{\psi})^2 + J(\sin^2\theta\dot{\varphi}^2+\dot{\theta}^2)}{2} \qquad (3.91)$$

一方，重力場の位置エネルギーは($\boldsymbol{x}_0 = \boldsymbol{e}_3$ ゆえ)

$$H_p = R(t)\boldsymbol{x}_0\cdot\boldsymbol{e}_3 = \cos\theta . \qquad (3.92)$$

さて，方程式をハミルトン系に書くには φ,θ,ψ に共役な運動量を見つける必要がある．ラグランジアンは運動エネルギーから位置エネルギーを引いたもの，というのが一般論である．これは質点系のポテンシャル場の中での運動の場合に§1.4で示した．したがって，ラグランジアンは

$$L = H_m - H_p = \frac{I(\cos\theta\dot{\varphi}+\dot{\psi})^2 + J(\sin^2\theta\dot{\varphi}^2+\dot{\theta}^2)}{2} - \cos\theta$$

である．φ,θ,ψ をそれぞれ q_1,q_2,q_3 とする．これと共役な運動量を p_1,p_2,p_3 と書こう．すると，§1.4で見たように，$p_i = \dfrac{\partial L}{\partial \dot{q}_i}$ である．これを計算して

$$\begin{cases} p_1 = I\cos q_2(\dot{q}_1\cos q_2 + \dot{q}_3) + J\dot{q}_1\sin^2 q_2 \\ p_2 = J\dot{q}_2 \\ p_3 = I(\dot{q}_1\cos q_2 + \dot{q}_3) \end{cases} \qquad (3.93)$$

ハミルトニアンは $H = \sum_i \dot{q}_i p_i - L = H_m + H_p$ ゆえ

$$H = \frac{p_2^2}{2J} + \frac{p_3^2}{2I} + \frac{(p_1 - p_3\cos q_2)^2}{2J\sin^2 q_2} + \cos q_2 \qquad (3.94)$$

である．これを用いてハミルトン方程式を書くことができる．ハミルトニア

ン(3.94)は q_1, q_3 を含んでいない(これが前に述べた方程式の対称性である)．したがって p_1, p_3 は定数である．これを L_1, L_3 と書く．このとき(3.94)からハミルトン方程式が書ける(式が長くなるから全部は書かない)．q_1, q_2, q_3 についての方程式を書くと $u=\cos q_2$ とおいて

$$\begin{cases} \dot{q}_1 = \dfrac{L_1 - L_3\cos q_2}{J\sin^2 q_2} = \dfrac{L_1 - L_3 u}{J(1-u^2)} \\ \dot{q}_2 = \dfrac{p_2}{J} \\ \dot{q}_3 = \dfrac{L_3}{I} - \dfrac{\cos q_2(L_1 - L_3\cos q_2)}{J\sin^2 q_2} = \dfrac{L_3}{I} - \dfrac{u(L_1 - L_3 u)}{J(1-u^2)} \end{cases}$$

これを解くにはまず，q_2 を調べなければならない．$u=\cos q_2, p_2$ の作る平面で考えると，この上で

$$2H_0 = \frac{p_2^2}{J} + \frac{L_3^2}{I} + \frac{(L_1 - L_3 u)^2}{J(1-u^2)} + 2u\,. \tag{3.95}$$

補題 3.73　$L_1 \neq L_3$ ならば，(3.95)の表わす図形の $-1<u<1$ の部分は図 3.12 のような閉曲線，または 1 点，または空集合である．

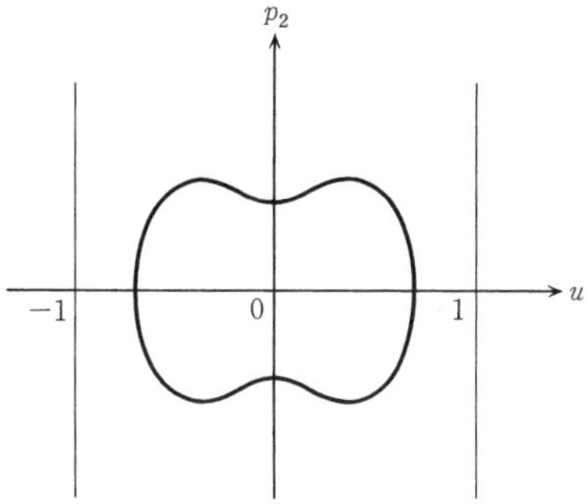

図 3.12　up_2 平面

［証明］　u の多項式

$$f(u) = \frac{L_3^2}{I}(1-u^2) + (L_1 - L_3 u)^2 + 2uJ(1-u^2) - 2H_0 J(1-u^2)$$

を考える．(3.95)は

$$f(u)+p_2^2(1-u^2)=0$$

と同値である．$f(u)$は3次の係数が負の3次関数で，また$u=\pm 1$で正である．よって$-1<u<1$での$f(u)=0$の根はたかだか2つである．もし2根あるときは(3.95)の表わす図形の$-1<u<1$の部分は，図3.12のような閉曲線になる．$f(u)=0$に$-1<u<1$なる重根が1つ存在するときは1点，根がないときは空集合である．∎

以後(3.95)の表わす図形の$-1<u<1$の部分が図3.12のような閉曲線である場合を考えよう．すると，$u=\cos q_2$, p_2は周期運動をする．(これを具体的に求めるには$\dot{u}^2=\dot{q}_2^2\sin^2 q_2=\dfrac{p_2^2(1-u^2)}{J^2}$を(3.95)に代入して積分すればよい．積分には根号の中に3次式が現れるので，uはtの楕円関数で表わされる．)

$\theta=q_2$はコマの軸が鉛直方向(z軸)からどのくらい傾いているかを指していた．この周期運動を**章動**(nutation)という．

uが積分で表わされると$\dot{q}_1=\dfrac{L_1-L_3u}{J(1-u^2)}$から$q_1$も積分で書ける．$H_0, L_1, L_3$の値によって$q_1$は単調であったり行きつ戻りつしたりするが，$u$は周期関数であるから$\dfrac{L_1-L_3u}{J(1-u^2)}$の積分はしだいに正か負のどちらかにたまっていく．$\varphi=q_1$はコマの軸(すなわち重心と原点を含む軸)の$z$軸の周りの回転角を表わしていたから，これは軸が複雑に回転しながらz軸の周りを回っていくことを表わす．これを**歳差運動**(precession)という．

注意3.74　鋭い読者は，筆者がこの節で1箇所行なったごまかしに気付かれたであろうか．この節の議論では，(f)で調べた方程式が，(d)で求めた方程式の特別な場合($\boldsymbol{x}_0=\boldsymbol{e}_3$かつ$I_1=I_2=J$, $I_3=I$の場合)を変数変換したものと一致することは証明されていない．

これはどうしたらわかるであろうか．もちろん，変数変換を率直に計算すれば確かめられるが，かなり大変な計算である．(意欲のある読者には，どうやったらより少ない計算量でこのことが確かめられるか，考えてみることを勧める．)

さらに，(d)までの方程式の記述では，コマの方程式がハミルトン系であることが，証明されていない．コマの方程式はもちろんハミルトン方程式なのであるが，このことを系統的に説明するにはもう少し準備が必要である．問題点はコマの運動を表わす $R(t)$ が含まれている空間 $SO(3)$ がユークリッド空間ではなく，「曲がっている」ことである．すなわち $SO(3)$ は 3×3 行列全体の空間(9次元のユークリッド空間)の中で，$A^tA=1$ という方程式(独立なものを数えると6つの方程式)をみたすものを集めた空間である．

すなわち9次元ユークリッド空間の中に埋め込まれた3次元の空間の上でのハミルトン力学を述べる必要がある．$A^tA=1$ のような付加条件のことを**ホロノーム拘束**(holonom constraint)と呼ぶ．

ホロノーム拘束がある場合の，ハミルトン力学系の理論を作ってしまえば，コマの方程式がハミルトン系であることも，また，それが，$\boldsymbol{x}_0=\boldsymbol{e}_3$ かつ $I_1=I_2=J,\ I_3=I$ の場合に，(d)で求めたものと同じであることも，あまり計算しないでも自然にわかる．

本書で繰り返し行なったような，座標変換によって方程式を調べることは，ホロノーム拘束の理論とともに，高次元の曲がった空間，すなわち多様体の発見の重要な動機付けを与えた．(とはいえ，ラグランジュのコマの方程式をラグランジュが解いたのは，多様体が発見されるはるか以前であった．)

本書では多様体に触れないので，ホロノーム拘束についても述べないことにした．巻末にあげた参考書1.,15.などを見ていただきたい．

《まとめ》

3.1　シンプレクティック形式を保つ変換を正準変換という．正準変換でハミルトン系はハミルトン系に写る．

3.2　正準変換は生成関数を使って構成できる．

3.3　ハミルトン–ヤコビ方程式に帰着して，ハミルトン方程式を解くことができる場合がある．

3.4　ベクトル場による関数の微分が定義される．ヤコビの恒等式が成り立つ．

3.5　ハミルトニアンを不変にする，正準変換からなる1径数変換群が存在することと，第1積分が存在することは同値である．

3.6　配位空間が2次元，あるいは相空間が4次元であるハミルトン系で，ハミルトニアンと独立な第1積分が存在するとき，系は完全積分可能であるという．

3.7　完全積分可能系では，解は，周期解であるか，あるトーラスを稠密に埋め尽くす．後者の場合を準周期解という．

3.8　曲面の上の2点の長さを最小にする変分問題は，エネルギーを最小にする変分問題と同値である．後者は，ハミルトン方程式で表わすことができ，測地線の方程式が得られる．

3.9　回転面や楕円面などの測地線を，ハミルトン方程式を使って求めることができる．

3.10　外から力の働かないコマ(オイラーのコマ)の方程式は，解くことができる．

3.11　重心の周りの回転で対称なコマ(ラグランジュのコマ)は，オイラーの角を変数にして方程式を書くと解くことができる．

演習問題

3.1　オイラーのコマの方程式に対して，補題3.68を用いて次の式を導け．

$$\sqrt{I_2I_3}\,I_1\int^{\xi_1}\frac{ds}{\sqrt{-(2HI_2-A_0-I_1(I_2-I_1)s^2)(2HI_3-A_0-I_1(I_3-I_1)s^2)}}=t\,.$$

3.2　(作用角変数)：$H(q,p)$ なる2変数関数に対して次のことを仮定する．

(i)　$\mathrm{grad}\,H$ は $(q,p)\neq\mathbf{0}$ で $\mathbf{0}$ でない．$H(0,0)=0$．

(ii)　$c>0$ に対して，$M_c=\{(q,p)\in\mathbb{R}^2\mid H(q,p)=0\}$ は滑らかな閉曲線で，$\{(q,0)\in\mathbb{R}^2\mid q<0\}$ とただ1点 $(q_c,0)$ で交わり，$(q_c,0)$ で M_c は $p=0$ なる直線に接しない．

関数 $S:\mathbb{R}^2\backslash\{(q,0)\in\mathbb{R}^2\mid q<0\}\to\mathbb{R}$ を次のように定める．$(q,p)\in M_c$ に対して，$\boldsymbol{l}(0)=(q_c,0)$，$\boldsymbol{l}(1)=(q,p)$．十分小さい ε に対して，$\boldsymbol{l}(\varepsilon)$ の p 成分は負(下図)．このとき S を次の式で定める．

$$S(q,p)=\int_0^1\boldsymbol{l}^*(qdp)\,.$$

(1)　$qdp+PdH=dS$ なる P が存在することを示せ．

(2)　$\boldsymbol{x}(t)$ を H をハミルトニアンとするハミルトン方程式の解とする．

$$\frac{dP(\boldsymbol{x}(t))}{dt}=-1$$

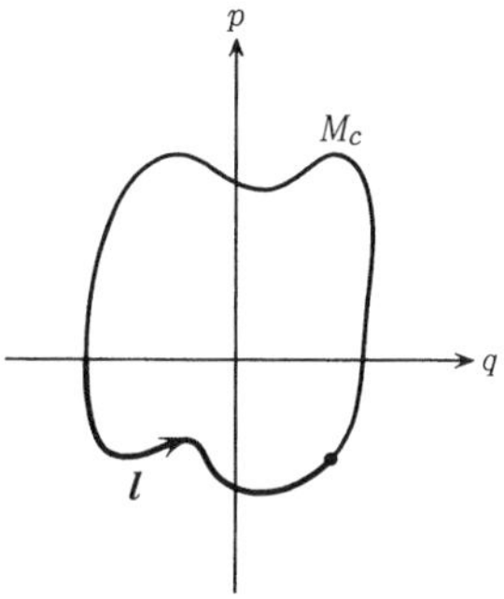

曲線 $\boldsymbol{l}$

を示せ.

（3） (H,P) は $\mathbb{R}^2\backslash\{(q,0)\in\mathbb{R}^2\,|\,q<0\}$ から，$\mathbb{R}^2$ の部分集合への可微分同相写像であることを示せ.

（4） $A(c)$ を M_c が囲む領域 Ω_c の面積とする.

$$\lim_{\substack{\varepsilon\to 0\\ \varepsilon>0}}(S(q_c,\varepsilon)-S(q_c,-\varepsilon)) = A(c)$$

を示せ.（ストークスの定理を使え.）

（5） $\displaystyle\lim_{\substack{\varepsilon\to 0\\ \varepsilon>0}}(P(q_c,\varepsilon)-P(q_c,-\varepsilon))=\frac{dA}{dc}(c)$ を示せ.

（6） $H=c$ であるような，ハミルトン方程式の周期解の周期($\boldsymbol{x}(t+T)=\boldsymbol{x}(t)$ なるような最小の正の T)は，$\dfrac{dA}{dc}(c)$ であることを示せ.

（上の (H,P) を作用角変数という.）

3.3 （積分不変式）: $\boldsymbol{q},\boldsymbol{p},t$ を変数とするハミルトニアン $H(\boldsymbol{q},\boldsymbol{p},t)$ を考え，これの定めるハミルトン方程式の，$(\boldsymbol{q}(0),\boldsymbol{p}(0))=(\boldsymbol{q}_0,\boldsymbol{p}_0)$ なる解を，$(\boldsymbol{q}(\boldsymbol{q}_0,\boldsymbol{p}_0,t),\boldsymbol{p}(\boldsymbol{q}_0,\boldsymbol{p}_0,t))$ と書く. $\boldsymbol{l}(s)$ を $\boldsymbol{l}(1)=\boldsymbol{l}(0)$ なる，$\mathbb{R}^{2n}$ の閉曲線とする. $\varphi\colon\mathbb{R}^2\to\mathbb{R}^{2n+1}$ を $\varphi(s,t)=(\boldsymbol{q}(\boldsymbol{l}(s),t),\boldsymbol{p}(\boldsymbol{l}(s),t),t)$ で定める.

（1） $\varphi^*(\sum dp^i\wedge dq^i-dH\wedge dt)=0$ を示せ.

（2） $\boldsymbol{l}_t(s)=\varphi(s,t)$ とおくとき，$\displaystyle\int_0^1\boldsymbol{l}^*(qdp)$ は t によらないことを示せ.

付録
アーノルド–リウビルの定理

この付録では定理3.52の証明を行なう.

(a) 不変トーラスの構成

まず，補題3.38を使って定理3.52の(i)を証明しよう．$\Sigma(H_0,G_0)$ 上の1点 $\boldsymbol{x}_0=(\boldsymbol{q}_0,\boldsymbol{p}_0)$ をとり，写像 $\Phi\colon\mathbb{R}^2\to\mathbb{R}^4$ を次の(A.1)で定義する.

$$\Phi(u,v)=\varphi_G^u(\varphi_H^v(\boldsymbol{q}_0,\boldsymbol{p}_0))\,. \tag{A.1}$$

補題 A.1

$$G(\Phi(u,v))=G_0,\quad H(\Phi(u,v))=H_0\,.$$

[証明]　補題3.38, 補題3.33 および $\{H,G\}=0$, $\{G,G\}=0$ より

$$G(\Phi(u,v))=G(\varphi_G^u(\varphi_H^v(\boldsymbol{q}_0,\boldsymbol{p}_0)))=G(\varphi_H^v(\boldsymbol{q}_0,\boldsymbol{p}_0))=G(\boldsymbol{q}_0,\boldsymbol{p}_0)=G_0\,.$$

$H(\Phi(u,v))=H_0$ の証明も同様. ∎

補題 A.2　$\Phi\colon\mathbb{R}^2\to\mathbb{R}^4$ のヤコビ行列の階数はいたるところ2である.

[証明]

$$\begin{aligned}\frac{\partial\Phi}{\partial u}(u_0,v_0)&=\frac{d}{du}\varphi_G^u(\varphi_H^{v_0}(\boldsymbol{q}_0,\boldsymbol{p}_0))\Big|_{u=u_0}\\&=\boldsymbol{X}_G(\varphi_G^{u_0}(\varphi_H^{v_0}(\boldsymbol{q}_0,\boldsymbol{p}_0)))=\boldsymbol{X}_G(\Phi((u_0,v_0)))\,.\end{aligned}$$

また補題3.38より

$$\begin{aligned}\frac{\partial\Phi}{\partial v}(u_0,v_0)&=\frac{d}{dv}\varphi_G^{u_0}(\varphi_H^v(\boldsymbol{q}_0,\boldsymbol{p}_0))\Big|_{v=v_0}=\frac{d}{dv}\varphi_H^v(\varphi_G^{u_0}(\boldsymbol{q}_0,\boldsymbol{p}_0))\Big|_{v=v_0}\\&=\boldsymbol{X}_H(\varphi_H^{v_0}(\varphi_G^{u_0}(\boldsymbol{q}_0,\boldsymbol{p}_0)))=\boldsymbol{X}_H(\Phi((u_0,v_0)))\,.\end{aligned}$$

$\mathrm{grad}\,G$ と $\mathrm{grad}\,H$ が1次独立であるから，$\boldsymbol{X}_G$ と $\boldsymbol{X}_H$ も1次独立である.（定

義式(3.1)を見れば明らか.) ∎

補題 A.1 と補題 A.2 より Φ の像は $\Sigma(H_0,G_0)$ に含まれる 2 次元の図形である. $\Sigma(H_0,G_0)$ がコンパクトで弧状連結であることを用いると, Φ の像は $\Sigma(H_0,G_0)$ に一致することを示すことができる.

写像 $\Phi\colon \mathbb{R}^2\to\Sigma(H_0,G_0)$ は 1 対 1 ではない($\Sigma(H_0,G_0)$ はコンパクトだから). $\Gamma=\{(u,v)\mid\Phi(u,v)=\Phi(0,0)\}$ とおく.

補題 A.3　Γ は $\mathbb{R}^2$ の部分群である. すなわち

(i)　$(u,v)\in\Gamma$ ならば $(-u,-v)\in\Gamma$.

(ii)　$(u_1,v_1),(u_2,v_2)\in\Gamma$ ならば $(u_1+u_2,v_1+v_2)\in\Gamma$.

[証明]

(i)　$(u,v)\in\Gamma$ ならば $\varphi_G^u(\varphi_H^v(\boldsymbol{q}_0,\boldsymbol{p}_0))=(\boldsymbol{q}_0,\boldsymbol{p}_0)$. よって補題 3.38 と補題 2.44 より

$$\begin{aligned}\varphi_G^{-u}(\varphi_H^{-v}(\boldsymbol{q}_0,\boldsymbol{p}_0)) &= \varphi_G^{-u}(\varphi_H^{-v}(\varphi_G^{u}(\varphi_H^{v}(\boldsymbol{q}_0,\boldsymbol{p}_0))))\\ &= \varphi_H^{-v}(\varphi_G^{-u}(\varphi_G^{u}(\varphi_H^{v}(\boldsymbol{q}_0,\boldsymbol{p}_0)))) = (\boldsymbol{q}_0,\boldsymbol{p}_0)\,.\end{aligned}$$

(ii)　$(u_1,v_1),(u_2,v_2)\in\Gamma$ とすると

$$\begin{aligned}\varphi_G^{u_1+u_2}(\varphi_H^{v_1+v_2}(\boldsymbol{q}_0,\boldsymbol{p}_0)) &= \varphi_G^{u_1}\varphi_G^{u_2}\varphi_H^{v_1}\varphi_H^{v_2}(\boldsymbol{q}_0,\boldsymbol{p}_0) = \varphi_G^{u_1}\varphi_H^{v_1}\varphi_G^{u_2}\varphi_H^{v_2}(\boldsymbol{q}_0,\boldsymbol{p}_0)\\ &= \varphi_G^{u_1}\varphi_H^{v_1}(\boldsymbol{q}_0,\boldsymbol{p}_0) = (\boldsymbol{q}_0,\boldsymbol{p}_0)\,.\end{aligned}$$ ∎

補題 A.4　$\Phi(u,v)=\Phi(u',v')$ と $(u-u',v-v')\in\Gamma$ は同値である.

[証明]　$\Phi(u,v)=\Phi(u',v')$ とすると, $\varphi_G^u(\varphi_H^v(\boldsymbol{q}_0,\boldsymbol{p}_0))=\varphi_G^{u'}(\varphi_H^{v'}(\boldsymbol{q}_0,\boldsymbol{p}_0))$. よって

$$\varphi_G^{u-u'}\varphi_H^{v-v'}(\boldsymbol{q}_0,\boldsymbol{p}_0)=\varphi_H^{-v'}\varphi_G^{-u'}\varphi_G^{u}\varphi_H^{v}(\boldsymbol{q}_0,\boldsymbol{p}_0)=(\boldsymbol{q}_0,\boldsymbol{p}_0)\,. \qquad \text{(A.2)}$$

よって $(u-u',v-v')\in\Gamma$. 逆に $(u-u',v-v')\in\Gamma$ とすると(A.2)が成立するから計算を逆にたどって $\Phi(u,v)=\Phi(u',v')$. ∎

補題 A.4 の結論のことを, $\Sigma(H_0,G_0)$ は商空間 $\mathbb{R}^2/\Gamma$ に一致すると言い表わす. 次の補題を(c)で証明する.

補題 A.5　$(a_1,b_1),(a_2,b_2)\in\Gamma$ が存在して Γ の任意の元は整数 n,m により $n(a_1,b_1)+m(a_2,b_2)$ と一意的に書き表わせる. (このことを Γ は $\mathbb{Z}^2$ と同型であるという.) さらに (a_1,b_1) と (a_2,b_2) は $\mathbb{R}$ 上 1 次独立である. □

さて $\Sigma(H_0,G_0)$ がトーラスであることを証明しよう. $(a_1,b_1),(a_2,b_2)$ を 2

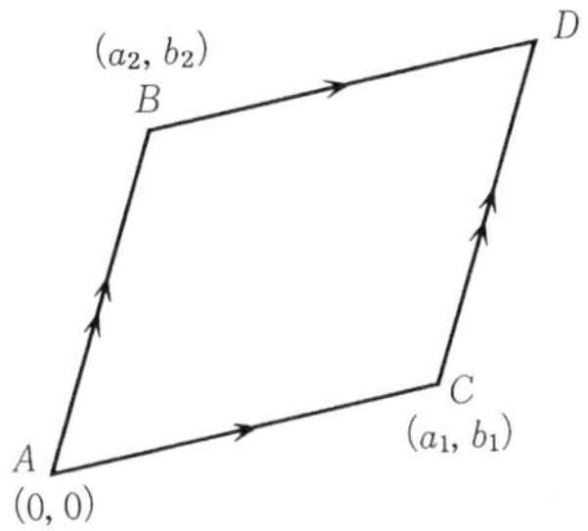

図 A.1 不変トーラスの基本領域

辺にもつ平行4辺形 $P=ACDB$ を考える(図A.1).

図A.1と補題A.5から次のことがわかる.

(i) 任意の (u,v) に対して $(u',v')\in P$ が存在して, $\Phi(u,v)=\Phi(u',v')$.

(ii) $(u,v),(u',v')\in P$, $\Phi(u,v)=\Phi(u',v')$ とすると次のいずれかが成立する.

(a) $(u,v)\in AB$, $(u',v')\in CD$ で $(u-u',v-v')=(a_1,b_1)$. または (u,v) と (u',v') を入れ替えた同じ主張が成り立つ.

(b) $(u,v)\in AC$, $(u',v')\in BD$ で $(u-u',v-v')=(a_2,b_2)$. または (u,v) と (u',v') を入れ替えた同じ主張が成り立つ.

上の(i),(ii)が成立することを, P は Γ の**基本領域**(fundamental domain)であるという. したがって, $\Sigma(H_0,G_0)$ は $P=ACDB$ で辺 AB と CD, AC と BD をそれぞれ貼りあわせた図形であり, これはトーラスである. これで定理3.52(i)が証明された.

(b) 解の分類

定理3.52(ii)を証明しよう. H をハミルトニアンとするハミルトン方程式の $\boldsymbol{x}_0\in\Sigma(H_0,G_0)$ を通る解曲線は, t を $\varphi_H^t(\boldsymbol{x}_0)$ に写す写像で表わされる. したがってこれは uv 平面内の u 軸に平行な直線の Φ による像である. すなわち解曲線は

$$\boldsymbol{l}(t)=\Phi(u_0+t,v_0)$$

と表わされる. Γ が見やすくなるように座標を変えよう. すなわち $(u,v)\in$

$\mathbb{R}^2$ に対して $U(a_1,b_1)+V(a_2,b_2)=(u,v)$ を対応させる座標変換を行なう．（基底を $(1,0),(0,1)$ から $(a_1,b_1),(a_2,b_2)$ に変換するといってもよい．この座標変換は線形であるから，u 軸に平行な直線はやはり直線に写る．この直線は $V=\rho U+C$ と表わせるとしよう．（もし u 軸が V 軸に平行であると，こうは表わせないが，その場合は U と V を入れ替えて考えればよい．）

$\boldsymbol{x}_0\in\Sigma(H_0,G_0)$ を通る開曲線を U と V を座標にして書くと

$$\begin{cases} U=Ct+U_0 \\ V=\rho Ct+V_0 \end{cases} \tag{A.3}$$

と表わせる．すなわち

$$\boldsymbol{l}(t)=\Phi((Ct+U_0)(a_1,b_1)+(\rho Ct+V_0)(a_2,b_2)). \tag{A.4}$$

定理 3.52(ii)の(a),(b)は，それぞれ ρ が有理数，無理数の場合にあたる．

まず ρ が有理数とし $\rho=\dfrac{n}{m}$ $(n,m$ は整数$)$とする．すると(A.4)と補題 A.4 から

$$\begin{aligned}\boldsymbol{l}\left(t+\frac{m}{C}\right)&=\Phi((Ct+U_0)(a_1,b_1)+(\lambda Ct+V_0)(a_2,b_2)+m(a_1,b_1)+n(a_2,b_2))\\&=\Phi((Ct+U_0)(a_1,b_1)+(\lambda Ct+V_0)(a_2,b_2))\\&=\boldsymbol{l}(t).\end{aligned}$$

すなわち $\boldsymbol{l}$ は周期解である．これが定理 3.52(ii)(a)である．

ρ が無理数とする．$\Sigma(H_0,G_0)$ 上の任意の点 $\Phi(\overline{u},\overline{v})$ を考えよう．この点を U と V を座標にして表わしたのが $(\overline{U},\overline{V})$ であるとする．

$$\overline{U}=Ct_0+U_0$$

となるように t_0 を選んでおく．$t_n=t_0+\dfrac{n}{C}$ とおくと，$Ct_n+U_0-\overline{U}=n$ は整数である．

ここで定理 3.48 を用いると $n_i\to\infty$ と $m_i\to\infty$ なる整数の列で

$$\lim_{i\to\infty}\left|\lambda Ct_{n_i}+V_0-\overline{V}-m_i\right|=0 \tag{A.5}$$

となるものが存在する．したがって

$$\lim_{i\to\infty} \boldsymbol{l}(t_{n_i}) = \lim_{i\to\infty} \Phi((Ct_{n_i}+U_0)(a_1,b_1)+(\lambda Ct_{n_i}+V_0)(a_2,b_2))$$
$$= \lim_{i\to\infty} \Phi\big(\overline{U}(a_1,b_1)+\overline{V}(a_2,b_2)+n_i(a_1,b_1)$$
$$+m_i(a_2,b_2)+\big(\rho Ct_{n_i}+V_0-\overline{V}-m_i\big)(a_2,b_2)\big)\,.$$

(A.5)と補題 A.4 より $\lim_{i\to\infty} \boldsymbol{l}(t_{n_i})$ は $\Phi\big(\overline{U}(a_1,b_1)+\overline{V}(a_2,b_2)\big)=\Phi(\overline{u},\overline{v})$ に一致する．$\Phi(\overline{u},\overline{v})$ は $\Sigma(H_0,G_0)$ 上の任意の点であったから，これで定理 3.52(ii)(b)が示された．以上で定理 3.52 の証明は補題 A.5 を除いて完成した．

(c)　$\mathbb{R}^2$ の格子

最後に残った補題 A.5 を証明する．まず次の 2 つの補題を証明する．

補題 A.6　Γ は集積点をもたない．つまり $(u_i,v_i)\in\Gamma$ が互いに異なる元の列とすると，この列は発散する．

[証明]　背理法による．$(u_i,v_i)\in\Gamma$ が互いに異なる元の作る収束列とし，$\lim_{i\to\infty}(u_i,v_i)=(u_0,v_0)$ とする．$(u_0,v_0)\in\Gamma$ である．補題 A.2 と逆関数定理により，(s_0,t_0) の近傍で Φ は単射である．これは $\lim_{i\to\infty}(u_i,v_i)=(u_0,v_0)$ で (u_i,v_i) が互いに異なることに反する．∎

補題 A.7　Γ は 1 次独立なベクトルの組を含む．

[証明]　背理法による．Γ のベクトルがすべてお互いに 1 次従属ならば，それは uv 平面のある直線 L 上にのっている．直線 L からの距離が発散するような列 (u_i,v_i) をとる．$\Sigma(H_0,G_0)$ はコンパクトであるから，$\Phi(u_i,v_i)$ は収束部分列をもつ．はじめからこの列は収束するとしてよい．

$\lim_{i\to\infty}\Phi(u_i,v_i)=\Phi(u_0,v_0)$ とする．補題 A.2 と逆関数定理により，十分大きい i に対して (u_0,v_0) の近くの点 (u_i',v_i') があって，$\Phi(u_i,v_i)=\Phi(u_i',v_i')$ である．したがって補題 A.4 より $(u_i-u_i',v_i-v_i')\in\Gamma\subseteqq L$．よって (u_i',v_i') と L の距離は (u_i,v_i) と L の距離に等しい．しかし (u_i',v_i') はすべて (u_0,v_0) の近くにあるから，(u_i',v_i') と L の距離は有界である．これは (u_i,v_i) と L の距離が発散することに反する．∎

(補題 A.6, 補題 A.7 の結論をみたす Γ のことを，$\mathbb{R}^2$ の**格子**(lattice)と呼ぶ．)

補題 A.5 の証明を完成させよう．補題 A.2 よりある数より大きさが小さい Γ の元は有限個である．したがって，Γ の 0 でない元 γ のうちでその大きさが最小であるものが存在する．これを 1 つ選び γ_1 とする．

γ_1 の方向の直線を L とする．補題 A.7 より Γ は L に含まれない．

$$C=\inf\{\mathrm{dist}(\gamma,L)\mid\gamma\notin L\}$$

とおく(dist は距離を表わす)．$\mathrm{dist}(\gamma_2,L)=C$ なる $\gamma_2\in\Gamma$ が存在する．なぜなら，

$$\lim_{i\to\infty}\mathrm{dist}(\gamma_i,L)=C$$

とすると，$n_i\in\mathbb{Z}$ を選んで，$\|\gamma_i-n_i\gamma_1\|<\|\gamma_1\|+\mathrm{dist}(\gamma_i,L)$ とすることができる(図 A.2)．よって $\gamma_i-n_i\gamma_1$ には収束部分列が存在する．これを $\gamma_2\in\Gamma$ とおく．

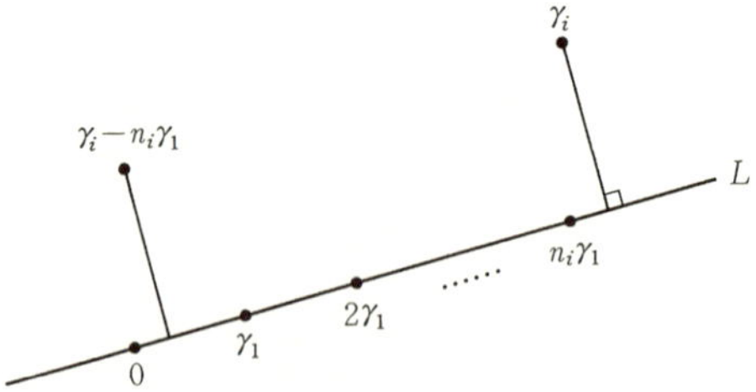

図 A.2

さて任意の $\gamma\in\Gamma$ が $\gamma=n\gamma_1+m\gamma_2$ $(n,m\in\mathbb{Z})$ と表わされることを示そう．必要なら γ_2 を $\gamma_2+n\gamma_1$ でおきかえて $\|\gamma_2\|\leqq\|\gamma_2\pm\gamma_1\|$ としてよい．

$\gamma\in\Gamma$ に対して $\mathrm{dist}(L,\gamma-m\gamma_2)$ を考えてこれが最小になるように m を選ぼう．$\gamma-m\gamma_2$ が L に含まれなければ，$\gamma-(m\pm1)\gamma_2$ のどちらかは $\gamma-m\gamma_2$ より L に近い(図 A.3)．($\mathrm{dist}(\gamma-m\gamma_2,L)=\mathrm{dist}(\gamma-(m+1)\gamma_2,L)$ とすると，これは $\mathrm{dist}(\gamma_2,L)$ より小さくなってしまう．) よって m の選び方により $\gamma-m\gamma_2$ は L に含まれる．

最後に $\|\gamma-m\gamma_2-n\gamma_1\|$ を $n\in\mathbb{Z}$ 動かして考え，これが最小になるように n を選ぼう．すると γ_1 は Γ の 0 でない元のうちで最小の大きさをもつものの 1 つであったから，$\gamma=n\gamma_1+m\gamma_2$ でなければならない．

これで補題 A.5 は証明された．

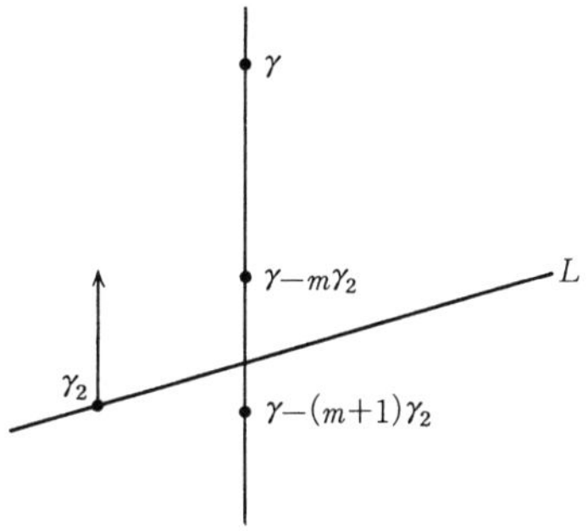

図 **A. 3**

現代数学への展望

本書では，ハミルトン方程式について，それをどうやって解いたらいいかを中心に，いくつかの方法を述べてきた．これを見て，読者は，ほとんどすべての常微分方程式は解くことができる，という風に感じたかも知れない．だとしたらそれは大きな誤りである．ほとんどすべての微分方程式は，具体的に解を求めることができない．古典力学で現れる重要な方程式に限っても，やはりそうなのである．このことは19世紀から20世紀へ世紀が変わるあたりで，次第に多くの人に認識されるようになっていった．

もう少し具体的に述べよう．§1.3では方程式(1.8)，すなわち原点にある重い物体から重力を受ける質点の方程式を調べ，その解を具体的に求めた．注意1.19で述べたように，2体問題，つまりお互いに重力を及ぼしあう2つの物体の方程式を考えても，ほぼ同様に解は具体的に求めることができる．(これらの場合に解を求めたのはニュートン(あるいはケプラー)である．)

それでは，お互いに重力を及ぼしあう3つの物体の場合はどうであろうか．これを3体問題という．微積分の発見の後を受けて，力学の研究を行なったラプラス(Laplace)あたりから始まり，今世紀にいたるまで，3体問題の研究は，常微分方程式の研究の中心を占めていた．その中で，いくつかの具体的に書ける特殊解が発見された．(一番有名なのは，ラグランジュの3角形解(巻末の参考書4.参照)であろう．) しかし，これらはいずれも特殊な初期条件に対する解であり，3体問題の解を一般の場合に，具体的に求めることには，誰も成功しなかった．

そんな中で，前世紀の終わりになると，ブルンス(Bruns)やポアンカレ(Poincaré)によって，3体問題は具体的に解を求めるという意味では，解くことができないことが見いだされた．

ブルンスやポアンカレの定理の意味を正確に考えていくと，本当にこれで，

3体問題が具体的に解を求めるという意味では，解くことができないことがすっかり示されたのか，はっきりしないともいえる[*1].

しかし，ポアンカレのある観察から，ほとんどすべての力学系は具体的に解を求めるという意味では，解くことができないことが明確になったのである.

その観察とは後に再発見されカオスと呼ばれることになる現象である．ポアンカレ自身の言葉を(参考書12. からの孫引きで)引用しよう.

「人は，私が描こうともしなかったのにできたこの図形の複雑さに感動するでありましょう．これより他のどんなものも，3体問題や力学の問題についてその複雑性に関してよりよい概念をわれわれに与え得ないのであります.」

これは，ハミルトン系の周期解の近傍の「一般的な」振舞いについて述べられたものである．ここに述べられているような，複雑な振舞いを力学系がするならば，そのような力学系は，例えば§3.4の言葉を用いれば，完全積分可能系ではない.

一般的なというのは，特殊な事情で様子が異なっている場合を除いてすべて，という意味で，すなわち，ほとんどすべての場合に，ということも意味する.

とはいえ，これは観察であって，本当にこれが正しいことを証明するのは実は容易なことではない．特に，与えられたある特定の力学系に対して，このようなカオス的な軌道の振舞いが起こることを証明することは，今日の証明技法をもってしても難しい．いくつかの系がカオスである，ということの厳密な証明は，最近になって数学の進歩でやっとできるようになってきたと言ってもよいであろう.

しかしながら，厳密な証明を別にすれば，具体的に解を求めることができ

---

*1　ブルンスが示したのは代数関数である第1積分が古典的なもの以外にないことであり，またポアンカレが示したのは次のようなことである．2体問題は3体問題の特別な場合(質点の1つの質量 m が0の場合)である．2体問題の場合の第1積分 f を考えると，これは f が3体問題の古典的な第1積分である場合をのぞいて，m についても解析関数であるような第1積分 f_m に拡張することはできない.

る(すなわち完全積分可能な)力学系は特殊なものであって，ほとんどの力学系はそうではない，という事実は，今世紀初頭には，ポアンカレを始めとした，多くの数学者に理解されていたのではないかと思われる.

そのような背景をもとに，今世紀には，具体的に常微分方程式を解くことができないとき，何をどうやって調べたらいいか，を考えることが常微分方程式の研究の中心になってきたのである. この転換を行なったのがポアンカレであった.

ポアンカレが創始したのは位相力学あるいは微分方程式の定性的理論である. 位相力学とは何かを説明するために，その典型的な定理の1つであるポアンカレ–ベンディクソン(Bendixson)の定理を述べよう.

定理 $\boldsymbol{V}$ を平面上のベクトル場，$\boldsymbol{l}(t)=(l_1(t),l_2(t))$ をその積分曲線とする. 集合 $\{\boldsymbol{l}(t)\,|\,t>0\}$ は有界であると仮定する. すると，$\lim_{t\to\infty}\boldsymbol{l}(t)$ の任意の集積点 p に対して，p を初期条件とする $\boldsymbol{V}$ の積分曲線は周期軌道であるか，または $\boldsymbol{V}(x)=0$ なる点 x を含む(下図を参照). □

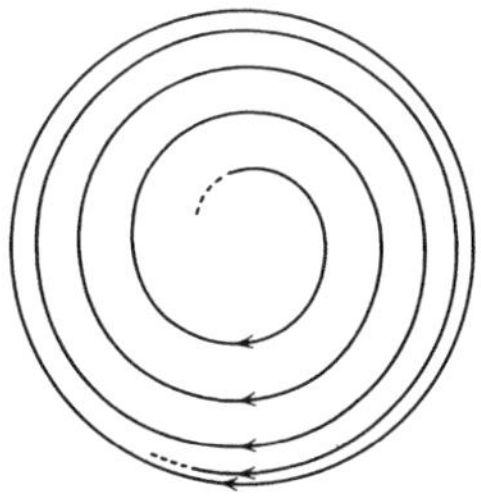

ポアンカレ–ベンディクソンの定理についてまず注目すべきなのは，定理の主張も証明法も，方程式の解を具体的に求めるというのとは，ほど遠いことである. 証明はここでは述べないが(例えば，参考書18. 参照)，図にもとづいた幾何学的なものであり，本書の多くの部分で行なった，式の計算で常微分方程式を調べる方法とは対照的である.

もう1つの特徴として，ポアンカレ–ベンディクソンの定理は，ベクトル場が定まっている空間の大域的な性質あるいは位相的な性質に大きく依存していることがあげられる. これをもう少し述べよう.

ポアンカレ–ベンディクソンの定理は平面上のベクトル場についてと同様に球面上のベクトル場に対しても成立する.

しかし，2次元のトーラスの上には，1つも周期軌道がない力学系が存在する.（定理3.52の(ii)(ロ)が成り立つ場合が，そのような例である.）すなわち，2次元のトーラスの上のベクトル場に対してはポアンカレ–ベンディクソンの定理は成立しない.

このような位相的な性質とベクトル場の積分曲線の大域的な性質の関係は，ポアンカレが空間の大域的な幾何学，すなわち位相幾何学を創始する動機の1つになったと考えられる.

こうして始まった，今世紀の力学系の研究の重要な成果の1つは，コルモゴロフ(Kolmogorov)–アーノルド–モーザー(Moser)の理論である．これは完全積分可能な(ハミルトン)系を少し摂動したハミルトン系を扱うもので，そのような場合に，もとの完全積分可能系の定理3.52でいうトーラスの近くに，摂動されたハミルトン系の周期軌道が非常にたくさんある，ことを保証する．この定理を用いることにより，アーノルドは太陽系の安定性(のある1つの定式化)を証明した.

位相力学と並んで重要なのがエルゴード理論である．これについても少しだけ触れよう．ポアンカレの『科学と方法』の中に，偶然とは何かを考察した部分がある．そこでポアンカレが偶然の発生する機構の1つとして述べている次のことは興味深い．すなわち，原因から結果にいたるメカニズムが大変複雑であると，メカニズムそのものには偶然が入っていなくても，我々は結果が偶然生まれたように感ずる，というものである.

これを書いたとき，ポアンカレの頭の中に上に引用した「複雑な図」のことがあったかどうか，はっきりとはわからない．しかし，その後のエルゴード理論の発展にはこの，複雑さが偶然を生む，ということが大変重要であった.

前に述べたように，一般の力学系は大変複雑な挙動を示し，個々の解の性質を調べることは，不可能あるいは無意味である．しかし，複雑であるがゆえに，上に述べた「複雑さが偶然を生む」機構が働き，偶然性を扱う数学すなわち確率論の手法を使うことができるのである．特に，最も複雑な系の場合には，ある一定時間経った後の解の値 $\boldsymbol{l}(T)$ が，初期条件 $\boldsymbol{l}(0)$ とほとんど無関係になってしまう．このような場合，系はエルゴード的(ergodic)であるという．エルゴード的という概念はもともと統計力学で現れたものである．実際，箱の中に粒子が非常にたくさん入っている系を考えると，粒子の衝突が頻繁かつ偶然的に起こり，一定時間経った後での系の様子は初期条件とほとんど無関係になる．このような系はエルゴード条件をみたしている．(エルゴード条件には 時間平均＝空間平均 という，明確な定式化があるのであるが，ここでは述べない．)

エルゴード的な系とは大変複雑な系のことであると述べた．するとそんな系はとても難しくてどうしようもないと考えるかも知れないが，そうでもない．十分複雑であるということを逆に用いて，個々の軌道の様子は無理でも，全体としての軌道の様子を調べることができるのである．そのような研究を通じて，例えばエントロピーなる概念がコルモゴロフによって発見され，また,「十分複雑な力学系*2」を測度論的にだけ見るとエントロピーだけですべて分類できることも示された．

数学で発見されたエルゴード的な系の代表例に，アダマール(Hadamard)などが研究した負曲率空間の測地流がある．これがどのような仕組みでエルゴード的になるのか，その仕組みはアノソフ(Anosov)によってアノソフ系の理論として明らかにされた．また，アンドロノフ(Andronov)，ポントリャーギン(Pontryagin)によって，力学系の構造安定性という重要な概念が発見されたのもこのころである．

以上のような研究をもとにスメイル(Smale)らによって，1960 年代に微分可能力学系の理論が本格的に始められた．この分野の研究は現在も活発である．フラクタルを生む代表例として有名になった複素力学系の研究もこの分野に属する．

最後により新しい 2 つの傾向に触れよう．

---

*2 例えば，次に引いてある負曲率空間の測地流などのアノソフ系．

第1は積分可能系の理論の新しい進展についてである．そのために，まず初めに戻って，常微分方程式が解けないということがどういうことか考えてみよう．

方程式を解くことのできないことの証明というと，読者は5次方程式の解の公式の非存在のアーベルやガロアによる証明を思い出すかも知れない．5次方程式の解の公式の非存在を証明するのに大切だった点は，代数方程式に解の公式がある，というのは何かを明確にすることであった．すなわち，解の公式の存在は，解が係数から四則演算と根号をとる操作で求められる，ことを指した．このことを明確にすることが，5次方程式の解の公式の非存在の証明の第一歩であった．

それでは，ハミルトン方程式の解が具体的に求められる，とはどういうことだろうか．我々はすでに，これに対する答を1つもっている．それは，§3.4で解説した完全積分可能性である．すなわち，$2n$ 次元の相空間(n 次元の配位空間)で定まったハミルトン方程式が完全積分可能とは，n 個の各点で1次独立な第1積分をもつことである．

この定義の微妙さは，それが，大域的に考えなければ意味がないことである．実際，次の補題が容易に示される．

補題 $\mathbb{R}^{2n}$ 上の任意のハミルトニアン H と $(\boldsymbol{q},\boldsymbol{p})\in\mathbb{R}^{2n}$ に対して，$(\boldsymbol{q},\boldsymbol{p})$ の $\mathbb{R}^{2n}$ での近傍 U と，$G_2,\cdots,G_n$ なる U 上の関数が存在して，次のことが成り立つ．($H=G_1$ とする．)

(i) $\{G_i,G_j\}=0,\ i\neq j.$

(ii) $dG_i,\ i=1,\cdots,n$ は U の各点で1次独立． □

すなわち，局所的に考えれば，任意のハミルトン系は「完全積分可能」である．定理3.52を見ていただきたい．定理3.52は相空間が4次元の完全積分可能なハミルトン系に対するものであった．そのとき定数 H_0,G_0 に対して，集合 $\Sigma(H_0,G_0)=\{(\boldsymbol{q},\boldsymbol{p})\mid G(\boldsymbol{q},\boldsymbol{p})=G_0,\ H(\boldsymbol{q},\boldsymbol{p})=H_0\}$ がコンパクト集合であると，この集合 $\Sigma(H_0,G_0)$ はトーラスで，その上の解曲線が周期解か準周期解であることを主張していたのだった．補題のように U をとると，集合 $\{(\boldsymbol{q},\boldsymbol{p})\in U\mid G(\boldsymbol{q},\boldsymbol{p})=G_0,\ H(\boldsymbol{q},\boldsymbol{p})=H_0\}$ は一般にはコンパクトではない．

したがって，補題のような意味で「局所的に完全積分可能」であることからは，何の結論も得られない．

ポアンカレの時代には大域的な幾何学はまだ発達していなかった．(というよりポアンカレがその創始者であった．) したがって，上のような定義はなされていなかった．

当時は，むしろ，第1積分を解析関数(正則関数)や代数関数の範囲で探す，というのが自然な問題意識であった．ここで注意すべきなのは，解析関数は，1点で定義されれば解析接続により，大域的な様子が自動的に決まってしまう点である．したがって，解析的なハミルトニアンから定まる系(重要な系はすべてそうである)の場合，解析的な第1積分が(相空間の次元の半分の数だけ)局所的に決まれば，完全積分可能であるといってよいであろう．ただし，解析関数がどこまで解析接続できるかは難しい問題であるし，接続できたとしても，1価関数には一般にはならない．これらのことは，大変デリケートな問題を引き起こし，その事情は現在でもすっかりわかっているとは言い難い．これらは，複素領域の微分方程式の理論として発展し，リーマン面・代数関数論さらには保型関数論の発展を導いた[*3]．

常微分方程式に直接関わるものだけでも，フックス型の方程式やパンルヴェ方程式などは，現在でも盛んに研究されている重要な対象である．これらは本書に述べたような，解を具体的に求める研究の発展と捉えるのが正しいのである．

前に述べたように，今世紀の初頭には，微分方程式を具体的に解く，つまり積分可能系を新たに発見する，という研究方針で面白い方程式が新たに見つかることはないだろう，と考えられていたようにも思われる．しかし，今世紀も中頃になって，特に無限自由度の場合を込めて考えることにより，積分可能系の新しい例が続々と発見されるようになってきた．これらの発見は，日本の戸田盛和など，当時の数学の「本流」とは離れた，物理学者や応用数学者によってなされた．それらは，後になって，マムフォード(Mumford)，

＊3　齋藤利弥，線形微分方程式とフックス関数 I, II，河合文化教育研究所 1991, 1994，はこれらの問題についてのポアンカレの論文の紹介であり，興味深い．

ノヴィコフ(Novikov)，佐藤幹夫といった著名な数学者によって取り上げられ，現代的な数学との深い関係が明らかにされつつある．

このような研究については，本シリーズ『現代数学の流れ1』の中の，神保道夫「よみがえる19世紀数学」とそこで引かれた文献をご覧いただきたい[*4]．

もう1つ，本書に関係の深い数学の最近の重要な進展として，大域シンプレクティック幾何学の発展があげられる．シンプレクティック多様体とは，その上でハミルトン系が定義できる空間と思ってよい．そのような対象が重要であることは，かなり前からアーノルドのような先覚者達によって強調されていたが，シンプレクティック多様体の大域的な性質の研究や，そのハミルトン系の大域的研究への応用は困難で，長い間重要な進展がなかった．しかし，1980年代に入って，シンプレクティック多様体の大域的な様子を調べる手だてが，グロモフ(Gromov)やフレアー(Floer)によって発見され，ここ10年ぐらいの間に，大域シンプレクティック幾何学は，微分幾何学の中心の1つになるまでに急成長した．この発展はゲージ場の量子論や超弦理論などの，理論物理学の発展とも深く結びついている[*5]．

---

*4　1冊だけ参考書をあげておく．D. Mumford, Tata lecture on theta, *Progress in Mathematics*, Birkhäuser I 28, 1983, II 43, 1984, III 97, 1991.

*5　この分野の参考書を1冊あげておく．H. Hofer and E. Zehnder, *Symplectic invariant and Hamiltonian dynamics*, Birkhäuser, 1994.

参考書

解析力学の書物は数え切れないくらいある．筆者はそのうち100分の1も見ていないであろう．ここでは数学的な性格の強い本を中心にあげよう．まず

1. V.I. アーノルド，古典力学の数学的方法，安藤韶一・蟹江幸博・丹羽敏雄訳，岩波書店，1980.

は幾何学的側面を強調した解析力学の書物として，決定的な名著である．本書を書くにあたっても，ずいぶん参考にさせていただいた．1. のレベルは本書より少し上ぐらいで，本書の後に読むには最適である．

2. 戸田盛和，波動と非線形問題30講，朝倉書店，1995.
3. 戸田盛和，一般力学30講，朝倉書店，1994.

も優れた書物である．1. が幾何学的な見方が中心になっているのに対して，2.,3. は解を具体的に求めることに力点を置いている．特に2. は非線形方程式の面白さを味わい理解するには最適である．計算力は要求されるが，予備知識はあまりいらない．

もう少し程度が高くなるが

4. 丹羽敏雄，力学系，紀伊國屋書店，1981.

はハミルトン力学系を中心とした力学系の書物として，重要な事項に対して適切な解説がなされているよい本である．解析力学について述べられた，数学者による日本語の本では，次の2冊がよくあげられる．

5. 齋藤利弥，解析力学入門，志文堂，1964.
6. 齋藤利弥，解析力学講義，日本評論社，1991.

英語の本では，古典的なものまで含めれば，文献は膨大である．

7. C. L. Siegel and J. Moser, *Lectures on celestial mechanics*, Springer-Verlag, 1991.
8. R. Abraham and J. E. Marsden, *Foundations of mechanics*, 2nd ed., Benjamin/Cummings, 1978.

をあげておく．7. は1955年のジーゲルの本に，1971年のモーザーが補足をしたものの復刊で，古典的な名著である．8. は有名な教科書である．書きっぷりは，例えば1. に比べて，かなり微分可能力学系の理論に傾斜している．

物理学者の書いた書物では，2., 3. 以外には，次の 2 冊をあげておく．

9. 山内恭彦，一般力学，岩波書店，1959.

10. 大貫義郎・吉田春夫，力学(岩波講座現代物理学の基礎)，岩波書店，1994.

9. は定評ある教科書，10. は新しい動向にも触れた面白い本である．

次に，「現代数学への展望」で触れた，力学系の大域的理論に関する書物をあげる．

11. 久保泉・矢野公一，力学系 1, 2(岩波講座現代数学の基礎)，岩波書店，1997, 1998.

次の書物はこの分野の解説書としては古典である．証明が論理的には完備していないが，力学系の理論の心を正しく伝えている．

12. V. I. アーノルド・A. アベス，古典力学のエルゴード問題，吉田耕作訳，吉岡書店，1972.

より新しい動向を含んだ書物は，多く出版されているわりに勧められる本が少ないが，

13. Ya. G. Sinaĭ, *Topics in ergodic theory*, Princeton Univ. Press, 1993.

はよい書物である．「現代数学への展望」で触れたコルモゴロフ–アーノルド–モーザーの理論は 4., 12. にも述べられているが，きちんと学ぶには

14. J. Moser, Stable and random motions in dynamical systems, *Ann. Math. Stud.*, Princeton Univ. Press, 1973.

がある．

微分形式，ベクトル場，多様体についての参考書を何冊かあげておく．

15. 岩堀長慶，ベクトル解析，裳華房，1960.

16. 森田茂之，微分形式の幾何学 1, 2(岩波講座現代数学の基礎)，岩波書店，1996, 1997.

15. には，相対運動，ホロノーム拘束など，本書で述べなかったベクトル解析と解析力学に関わる話題も述べられている．

次の書物は副読本として，楽しく読める．

17. 大森英樹，力学的な微分幾何，日本評論社，1989.

最後に常微分方程式の教科書を 3 冊あげておく．

18. 高橋陽一郎，微分方程式入門，東京大学出版会，1988.

19. 高橋陽一郎，力学と微分方程式(現代数学への入門)，岩波書店，2004.

20. V. I. アーノルド，常微分方程式，足立正久・今西英器訳，現代数学社，1981.

問 解 答

第1章

問1 微分方程式の解の一意性による.

問2 例えば,

$$\boldsymbol{V}(x,y,z,t) = \left(-y, x, \cos\frac{t}{2}\right)$$

とおくと, $\boldsymbol{l}(t) = \left(\cos t, \sin t, 2\sin\frac{t}{2}\right)$ は解である. これは, $\boldsymbol{l}(0) = \boldsymbol{l}(2\pi)$ で自分自身と交わる.

問3 ベクトル場: $(-y,-x)$. 積分曲線: $\boldsymbol{l}(t) = (r_0 \sinh(\theta_0 - t), r_0 \cosh(\theta_0 - t))$

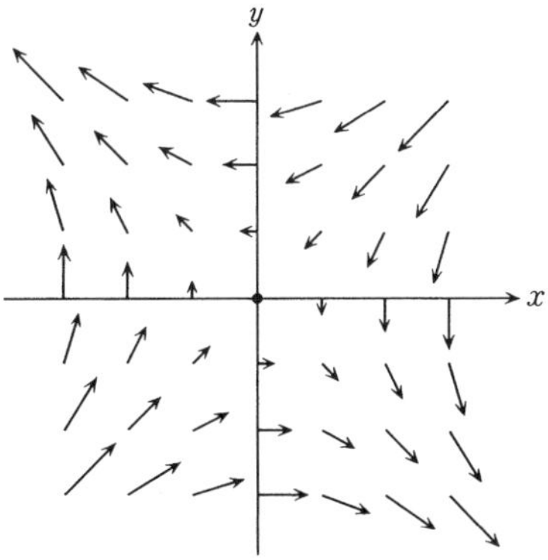

図1 ベクトル場 $(-y,-x)$

問4 例えば $(x(0),y(0)) = (0,2)$ の場合を考える. $f(x(0),y(0)) = 1$ である. よって

$$y(t)^2 = 2 + 2\cos x(t) \qquad (*)$$

である. この曲線の一部

$$y = \sqrt{2+2\cos x}, \quad -\pi < x < \pi$$

を L_0 とする. $(x(t),y(t)) \in L_0$ を示す. $(*)$ より, もし, ある t_0 に対して $(x(t_0), y(t_0)) \notin L_0$ ならば,

$$(x(t_1), y(t_1)) = (\pm\pi, 0)$$

なる $t_1 < t_0$ が存在する．ところが，

$$\begin{cases} \dfrac{dx}{dt}(t_1) = 0 \\ \dfrac{dy}{dt}(t_1) = -\sin(\pm\pi) = 0 \end{cases}$$

ゆえ，$(x(t), y(t)) = (\pm\pi, 0)$ が任意の t に対して成立し矛盾である．$(x(t), y(t)) \in L_0$ より $y > 0$，よって $\dfrac{dx}{dt} > 0$．すなわち $x(t)$ は単調増加である．一方 $x(t)$ は有界ゆえ $\lim_{t\to\pm\infty} x(t)$ は収束する．$\lim_{t\to-\infty} x(t) \neq -\pi$ ならば，$\dfrac{dx(t)}{dt} = y(t) \geqq c > 0$．これは矛盾．よって $\lim_{t\to-\infty} x(t) = -\pi$．$\lim_{t\to+\infty} x(t) = \pi$ も同様．

問 5　$f(0,4) = 7$ である．よって，$L_7 = \{(x,y) \in \mathbb{R}^2 \mid y = \sqrt{14+2\cos x}\}$ の上に積分曲線はのっている．このとき x をパラメータにとれる．よって方程式は

$$\frac{dx}{dt} = y = \sqrt{14+2\cos x}$$

である．したがって，$\displaystyle\int_0^x \frac{1}{\sqrt{14+2\cos s}} ds = g(x)$ の逆関数 $g^{-1}(t)$ を使って，$(x(t), y(t)) = \left(g^{-1}(t), \sqrt{14+2\cos(g^{-1}(t))}\right)$ を得る．

問 6　$\boldsymbol{x}_\delta(t) = \boldsymbol{x}(t) + \delta\Delta\boldsymbol{x}(t)$ とおき，δ に $\mathcal{L}(\boldsymbol{x}_\delta, \dot{\boldsymbol{x}}_\delta)$ を対応させる写像を考える．これは，$\delta = 0$ で最小である．一方，この写像は微分可能である．したがって 1 変数関数の最小値についてのよく知られた定理より，$\left.\dfrac{d}{d\delta}\mathcal{L}(\boldsymbol{x}_\delta, \dot{\boldsymbol{x}}_\delta)\right|_{\delta=0} = 0$．

第 2 章

問 1　$\|\boldsymbol{x}\|^4 \boldsymbol{x} = r^4(r\cos\theta, r\sin\theta)$ ゆえ，例 2.1 より極座標での方程式は

$$\begin{cases} \dfrac{dr}{dt} = r^5\cos^2\theta + r^5\sin^2\theta = r^5, \\ \dfrac{d\theta}{dt} = -r^3\sin\theta\cos\theta + r^3\cos\theta\sin\theta = 0\,. \end{cases}$$

よって

$$\begin{cases} r(t) = (r_0 - 4t)^{-1/4} \\ \theta(t) = \theta_0 \end{cases} \qquad (r_0, \theta_0 \text{ は定数})$$

問 2　$\Phi(x^1, \cdots, x^n) = (y^1, \cdots, y^n)$ とする．$\mathrm{grad}(f \circ \Phi) = (\Phi^{-1})_*(\mathrm{grad}\, f)$ が，勾配は座標変換不変である，の言い換えである．

$$\mathrm{grad}(f\circ\Phi)=\sum_i\frac{\partial(f\circ\Phi)}{\partial x^i}\frac{\partial}{\partial x^i}=\sum_{i,j}\frac{\partial f}{\partial y^j}\frac{\partial y^j}{\partial x^i}\frac{\partial}{\partial x^i}$$

$$(\Phi^{-1})_*(\mathrm{grad}\, f)=(\Phi^{-1})_*\left(\sum_i\frac{\partial f}{\partial y^i}\frac{\partial}{\partial y^i}\right)=\sum_{i,j}\frac{\partial f}{\partial y^i}\frac{\partial x^j}{\partial y^i}\frac{\partial}{\partial x^j}$$

ここで，上の式で $\dfrac{\partial y^j}{\partial x^i}$ のところが下の式で $\dfrac{\partial x^j}{\partial y^i}$ が出てきた．（これは計算間違いではない．）よってこの 2 つは一致しない．

問 3

$$\begin{aligned}&d(f_{12}dx\wedge dy+f_{23}dy\wedge dz+f_{13}dx\wedge dz)\\&\quad=df_{12}\wedge dx\wedge dy+df_{23}\wedge dy\wedge dz+df_{13}\wedge dx\wedge dz\\&\quad=\left(\frac{\partial f_{12}}{\partial z}+\frac{\partial f_{23}}{\partial x}-\frac{\partial f_{13}}{\partial y}\right)dx\wedge dy\wedge dz\,.\end{aligned}$$

（$f_{12}dx\wedge dy+f_{23}dy\wedge dz+f_{13}dx\wedge dz$ の代わりに，$f_{12}dx\wedge dy+f_{23}dy\wedge dz+f_{31}dz\wedge dx$ と書くと，この式は対称になる．）

問 4　微分 2 形式どうしは交換可能であることを用いて計算すれば，$n!\,dx^1\wedge dx^2\wedge\cdots\wedge dx^{2n-1}\wedge dx^{2n}$ になる．

問 5　左辺の $dx^{j_1}\wedge\cdots\wedge dx^{j_m}$ の係数は $\sum_{\sigma\in S_m}\mathrm{sgn}\,\sigma u_{1j_{\sigma(1)}}\cdots u_{mj_{\sigma(m)}}$ に等しい．

問 6

$$\begin{aligned}\Phi^*(dx\wedge dy+xdy\wedge dz)&=d(s^2)\wedge d(st)+s^2d(st)\wedge d(t^2)\\&=2ds\wedge(sdt+tds)+s^2(sdt+tds)\wedge 2tdt\\&=(2s+2s^2t^2)ds\wedge dt\end{aligned}$$

問 7　$\Phi^*(\xi dx+\eta dy)=\dfrac{\partial f}{\partial s}ds+\dfrac{\partial f}{\partial t}dt=df\,.$

問 8　$\dfrac{\partial f}{\partial x}=\dfrac{\partial f}{\partial u}+\dfrac{\partial f}{\partial v}$ である．

問 9　素直に成分に分けて計算すればよい．

問 10　定理 2.28 が，向きを保つ写像に対してしか成り立たないから．定理 2.28 の証明を見ると，向きを保たない場合は，符号が変わることがわかる．

問 11　いろいろないい方があるが，例えば次のようにいってもよい．原点にある点電荷が作る電場は，原点を通る面について鏡像をとっても変わらない．したがって電場は極性ベクトルである．一方，z 軸上を流れる定常電流による磁場を，yz 平面についての鏡像で写すと，符号が変わる．電流はこの鏡像で不変であるから，磁場は軸性ベクトルである．

問 12　(2.21)より，$\boldsymbol{V}$ が微分 1 形式 $i_1(\boldsymbol{V})$ に対応するとき，$\mathrm{rot}\,\boldsymbol{V}$ は微分 2 形式 $di_1(\boldsymbol{V})$ に対応する．

問 13　方程式(2.25)は $\dfrac{dx}{dt}=e^x$ である．これを解くと $-e^{-x}+C=t$，すなわち $x=-\log(C-t)$ である．すなわち，解は時刻 $t=C$ までしか存在しない．

問 14　補題 2.53 の右辺に代入すれば明らか．

第 3 章

問 1　$\displaystyle\sum_{i=1}^{n}\left(\frac{\partial H}{\partial q^i}\frac{\partial}{\partial p^i}-\frac{\partial H}{\partial p^i}\frac{\partial}{\partial q^i}\right)=\sum_{i=1}^{n}\left(\frac{\partial H}{\partial Q^i}\frac{\partial}{\partial P^i}-\frac{\partial H}{\partial P^i}\frac{\partial}{\partial Q^i}\right).$

問 2　$\displaystyle\sum_i P^i dQ^i=\sum_{i,j}P^i\frac{\partial Q^i}{\partial q^j}dq^j$ ゆえ $\displaystyle\sum_i P^i dQ^i=\sum_i p^i dq^i$ は $\displaystyle\sum_j P^j\frac{\partial Q^j}{\partial q^i}=p^i$ と同値．一方(3.7)の第 2 式は，座標では $\displaystyle P^j=\sum_j\frac{\partial q^j}{\partial Q^i}p^i$ と表わされる．$\left(\dfrac{\partial q^j}{\partial Q^i}\right)$ の逆行列は $\left(\dfrac{\partial Q^i}{\partial q^j}\right)$ であるから，この 2 つは同値．

問 3　$(y^1,\cdots,y^n)=\varphi(x^1,\cdots,x^n)$，$\displaystyle\boldsymbol{V}=\sum_i V^i\frac{\partial}{\partial x^i}$ とおくと，

$$\boldsymbol{V}(\varphi^*f)=\sum_i V^i\frac{\partial(f\circ\varphi)}{\partial x^i}=\sum_{i,j}V^i\frac{\partial f}{\partial y^j}\frac{\partial y^j}{\partial x^i}=\varphi^*((\varphi_*\boldsymbol{V})f).$$

問 4　$\{G_i,H\}=0$ とヤコビの恒等式より，$\{\{G_1,G_2\},H\}=-\{\{G_2,H\},G_1\}-\{\{H,G_2\},G_1\}=0$．よって定理 3.36 より $\{G_1,G_2\}$ も第 1 積分である．

問 5

$$\begin{aligned}\{f,gh\}&=\sum_i\left(\frac{\partial f}{\partial q^i}\frac{\partial(gh)}{\partial p^i}-\frac{\partial f}{\partial p^i}\frac{\partial(gh)}{\partial q^i}\right)\\&=\sum_i\left(h\frac{\partial f}{\partial q^i}\frac{\partial g}{\partial p^i}-h\frac{\partial f}{\partial p^i}\frac{\partial g}{\partial q^i}\right)+\sum_i\left(g\frac{\partial f}{\partial q^i}\frac{\partial h}{\partial p^i}-g\frac{\partial f}{\partial p^i}\frac{\partial h}{\partial q^i}\right)\\&=g\{f,h\}+h\{f,g\}.\end{aligned}$$

問 6　(以下添字は下に書く．)(3.70)より，

$$\begin{aligned}t&=\int^{q_1}\frac{\|\dot{\boldsymbol{m}}(u)\|^2}{\sqrt{2H-m_2(u)^{-2}\alpha^2}}du=\int^{q_1}\frac{5}{\sqrt{2H-\alpha^2/4u^2}}du\\&=\frac{5}{4H}\sqrt{8Hq_1^2-\alpha^2}+t_0.\end{aligned}$$

よって，

$$q_1(t) = \sqrt{\frac{\frac{16H^2}{25}(t-t_0)^2+\alpha^2}{8H}}, \quad q_2(t) = \alpha t + C.$$

問7　$a>\sigma_1>b>\sigma_2>c$ の範囲で，σ_1, σ_2 を動かしていることを思い出すと，$Hc<Q<Hb$ のときは，(3.81)が表わす図形は，図2の通りである．

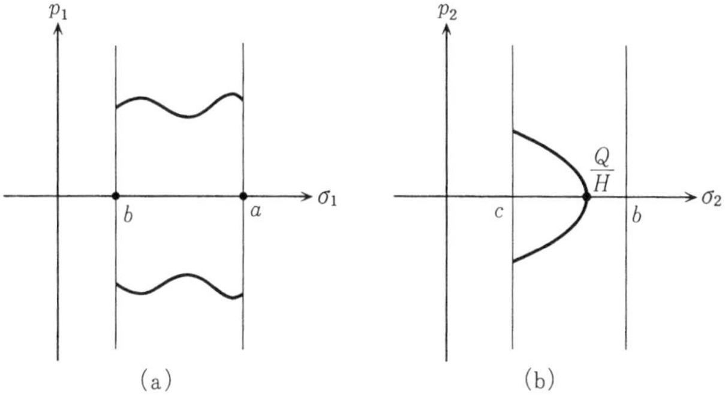

図2　(a) $\sigma_1 p_1$ 平面　(b) $\sigma_2 p_2$ 平面

まず，$\sigma_2 p_2$ 平面の図を見ると，これは $\sigma_2=\dfrac{Q}{H}$ のところで，測地線が $\Sigma(\sigma_2)$ と接することを意味する．次に $\sigma_1 p_1$ 平面の図を見る．これを理解するには，図で，$\sigma_1=a, b$ となる点で何が起こるか考える必要がある．

式(3.71)を見ると，$\sigma_1=a$ は $x=0$ なる点に対応する．ここでは楕円座標が可微分同相写像でない．しかし，曲面そのものはもちろんここでも滑らかである．この点での振舞いは次の通りである．

$\sigma_1=a$ を越えたところで，x が正から負に変わる．その後は，以下のようにすればわかる．楕円座標を，$x,y,z>0$ なる x,y,z と $a>\sigma_1>b>\sigma_2>c>\sigma_3$ なる $\sigma_1,\sigma_2,\sigma_3$ の対応でなく，$y,z>0>x$ なる x,y,z と $\sigma_1,\sigma_2,\sigma_3$ の対応と見ることもでき，すると，今までの議論はまったく同じに進む．したがって，x が正から負に変わったあとは，同じように，$\sigma_2 p_2$ 平面の図を見ていけばよい．

同様にして $\sigma_1=b$ は $y=0$ に対応するから，ここで今度は y の符号が変わる．結局，測地線は z 軸の周りを回ることになる．図は参考書1．の§47にある．

問8　問7と同様なので省略する．

問9　(3.86)より $I_1\dot{\xi}_1=0$．また

$$\begin{cases} I_2(\dot{\xi}_2+\dot{\xi}_3) = -(I_2-I_1)\xi_1(\xi_2-\xi_3) \\ I_2(\dot{\xi}_2-\dot{\xi}_3) = +(I_2-I_1)\xi_1(\xi_2+\xi_3) \end{cases}$$

よって,

$$\begin{cases} \xi_1 = C_1 \\ \xi_2 = C_3\cos\left(\dfrac{C_1(I_2-I_1)}{I_2}t\right)+C_3\sin\left(\dfrac{C_1(I_2-I_1)}{I_2}t\right) \\ \xi_3 = C_3\cos\left(\dfrac{C_1(I_2-I_1)}{I_2}t\right)-C_3\sin\left(\dfrac{C_1(I_2-I_1)}{I_2}t\right) \end{cases}.$$

演習問題解答

第1章

1.1 $\boldsymbol{l}(t)$ を $\dfrac{d\boldsymbol{l}}{dt}=\boldsymbol{V}$ の解とする．このとき，

$$\frac{df(\boldsymbol{l}(t))}{dt}=\operatorname{grad} f\cdot\boldsymbol{V}=\cos\theta\|\operatorname{grad} f\|^2 .$$

よって，定理1.3の証明と同様にして，題意が示される．

1.2 $f(x,y)=C$ のグラフを，C を動かして描いていく．$\operatorname{grad} f=(2x-y^2, -2xy+2y)=\boldsymbol{0}$ を解くと，$(x,y)=(0,0)$ または $(1,\pm\sqrt{2})$ であることを用いて，図1の通りになることがわかる．ここで $f(1,\pm\sqrt{2})=1$，$f(0,0)=0$ に注意する．

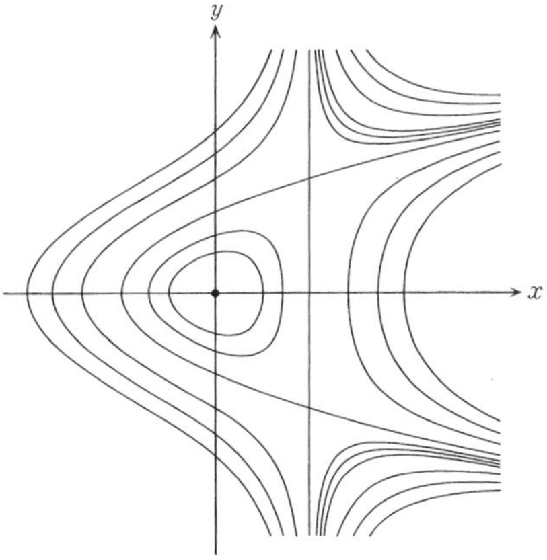

図1　$x^2-xy^2+y^2=C$

これから，(1) $f(2,1)=3$ ゆえ，この解は非有界．(2) $f(1,0)=1$ ゆえ，この解は有界であるが，周期解でも定常解でもない．(3) $f(0,1/2)=1/4$ ゆえ，この解は周期解．

1.3 (1) 定理1.15の帰結．

(2) X_c 上で $\operatorname{grad} G$ と $\operatorname{grad} H$ は平行である．すなわち，$(p_2,-p_1,-q_2,q_1)=\alpha(2q_1e^{q_1^2+q_2^2},2q_2e^{q_1^2+q_2^2},p_1,p_2)$．この条件と $G(q_1,q_2,p_1,p_2)=\lambda(c)$ より，

$$2\alpha(q_1^2+q_2^2)e^{q_1^2+q_2^2}=\lambda(c) .$$

よって，$H(q_1,q_2,p_1,p_2)=\dfrac{q_1^2+q_2^2}{\alpha^2}+e^{q_1^2+q_2^2}=c$. よって，$q_1^2+q_2^2$ は X_c 上定数．これから順に $\alpha, p_1^2+p_2^2$ も定数であることがわかる．よって X_c が閉曲線であることがわかる．Y_c も同様である．

(3) (1), (2) より，X_c, Y_c が周期解の解曲線である．

1.4 (1) $\dfrac{\partial L}{\partial x}=\dot{y}+\dfrac{\partial f}{\partial x}$，$\dfrac{\partial L}{\partial y}=\dfrac{\partial f}{\partial y}$，$\dfrac{\partial L}{\partial \dot{x}}=0$，$\dfrac{\partial L}{\partial \dot{y}}=x$ である．よって求める方程式は

$$\left(\dot{y}+\frac{\partial f}{\partial x}, \frac{\partial f}{\partial y}\right)-\frac{d}{dt}(0,x)=0\,.$$

すなわち

$$\begin{cases} \dfrac{dx}{dt}=\dfrac{\partial f}{\partial y} \\ \dfrac{dy}{dt}=-\dfrac{\partial f}{\partial x} \end{cases}$$

(2) y に変数変換すると，$\mathcal{L}(\boldsymbol{x},\dot{\boldsymbol{x}})=\int_0^1 x(t)dy$. よって題意が成り立つ．

（図 2 のように，t に y を対応させる写像が必ずしも 1 対 1 でない場合には，$(0,0)$ と $(0,1)$ を結ぶ直線と曲線 $\boldsymbol{x}(t)=(x(t),y(t))$ をあわせた図形を切って，図 2 のように C_1, C_2 をとると，第 2 章のストークスの定理より，

$$\begin{aligned}\mathcal{L}(\boldsymbol{x},\dot{\boldsymbol{x}})&=\int_0^1 x(t)\frac{dy}{dt}dt=\int_0^1 \boldsymbol{x}^*(y\,dx)=\int_{C_2}y\,dx-\int_{C_1}y\,dx\\&=\int_{D_1}dx\wedge dy-\int_{D_2}dx\wedge dy\end{aligned}$$

ここで，D_i は C_i が囲む図形である．）

(3) (2) より $\int_0^1 x(t)\dfrac{dy(t)}{dt}dt$ はいくらでも小さくも，大きくもなる．一方 $\int_0^1 f(x(t),y(t))dt$ は有界である．よって，$\mathcal{L}(\boldsymbol{x},\dot{\boldsymbol{x}})=\int_0^1\left(x(t)\dfrac{dy(t)}{dt}+f(x(t),y(t))\right)dt$ には最大値も最小値も存在しない．

1.5 この問題は，戸田盛和『非線形格子力学』(岩波書店)からとった．この系は戸田格子と呼ばれる．

(1) $\dot{q}_i=p_i$，$\dot{p}_i=-e^{q_i-q_{i+1}}+e^{q_{i-1}-q_i}$ がハミルトン方程式である．よって，

$$\dot{a}_i=\frac{1}{4}(\dot{q}_ie^{(q_i-q_{i+1})/2}-\dot{q}_{i+1}e^{(q_i-q_{i+1})/2})=b_ia_i-b_{i+1}a_i,\quad \dot{b}_i=-2a_i^2+2a_{i-1}^2\,.$$

（ここで $a_0=a_3$ などと書いている．）これから，直接代入して(*)が示される．

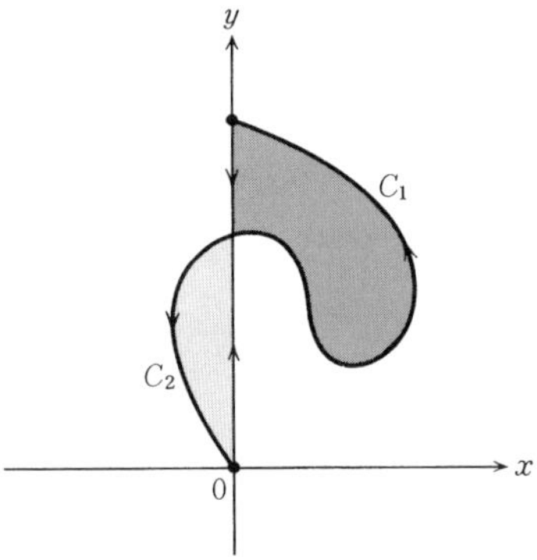

図 2

(2)

$$\frac{d}{dt}(L(t)\boldsymbol{v}(t)) = \frac{dL(t)}{dt}\boldsymbol{v}(t) + L(t)B(t)\boldsymbol{v}(t) = B(t)L(t)\boldsymbol{v}(t)\,.$$

すなわち，$\boldsymbol{w}(t)=L(t)\boldsymbol{v}(t)$ は方程式 $\dfrac{d\boldsymbol{w}(t)}{dt}=B(t)\boldsymbol{w}(t)$ をみたす．また，$\boldsymbol{w}(0)=L(0)\boldsymbol{v}=\lambda\boldsymbol{v}$．よって，常微分方程式の解の一意性より，$\boldsymbol{w}(t)=\lambda\boldsymbol{v}(t)$．すなわち $\boldsymbol{v}(t)$ は $L(t)$ の固有値 λ に関する固有ベクトルである．

(3) (2)より，$L(t)$ の固有値は t によらない．よって $\dfrac{dJ_i(t)}{dt}=0$．

(4) 直接計算すると $I_1=-2J_1$，$I_2=4J_2$，$I_3=-8J_3-2$．

第 2 章

2.1

$$\Phi_*\left(\frac{\partial}{\partial r}\right) = \cos\theta\cos\varphi\frac{\partial}{\partial x} + \sin\theta\cos\varphi\frac{\partial}{\partial y} + \sin\varphi\frac{\partial}{\partial z}$$

$$\Phi_*\left(\frac{\partial}{\partial \theta}\right) = -r\sin\theta\cos\varphi\frac{\partial}{\partial x} + r\cos\theta\cos\varphi\frac{\partial}{\partial y}$$

$$\Phi_*\left(\frac{\partial}{\partial \varphi}\right) = -r\cos\theta\sin\varphi\frac{\partial}{\partial x} - r\sin\theta\sin\varphi\frac{\partial}{\partial y} + r\cos\varphi\frac{\partial}{\partial z}$$

2.2 補題 2.15 より，$u\wedge u=-u\wedge u$．よってこれは 0．

2.3 問 5 より，

$df_1\wedge\cdots\wedge df_m$

$$= \sum_{1 \leqq j_1 < \cdots < j_m \leqq n} \det \begin{pmatrix} \dfrac{\partial f_1}{\partial x_{j_1}} & \cdots & \dfrac{\partial f_i}{\partial x_{j_1}} & \cdots & \dfrac{\partial f_m}{\partial x_{j_1}} \\ \vdots & \ddots & \vdots & \iddots & \vdots \\ \dfrac{\partial f_1}{\partial x_{j_k}} & \cdots & \dfrac{\partial f_i}{\partial x_{j_k}} & \cdots & \dfrac{\partial f_m}{\partial x_{j_k}} \\ \vdots & \iddots & \vdots & \ddots & \vdots \\ \dfrac{\partial f_1}{\partial x_{j_m}} & \cdots & \dfrac{\partial f_i}{\partial x_{j_m}} & \cdots & \dfrac{\partial f_m}{\partial x_{j_m}} \end{pmatrix} dx^{j_1} \wedge \cdots \wedge dx^{j_m}.$$

一方，一般にベクトル $\boldsymbol{V}_i = \sum_j V_{i,j} \dfrac{\partial}{\partial x^j}$ $(j=1,\cdots,m)$ が1次独立なのは，$m\times n$ 行列 $(V_{i,j})$ のどれかの，$m\times m$ 小行列式が0でないことと同値である．よって題意が従う．

2.4 $(x^2+y^2+z^2)^{\frac{\alpha-1}{2}}(xdx+ydy+zdz)$.

2.5 (1) $\varphi_t(\boldsymbol{x}) = \boldsymbol{x}(t)$ とおくと，

$$\frac{d\boldsymbol{x}(t)}{dt} = B(t)\boldsymbol{x}(t) + \boldsymbol{w} \tag{$*$}$$

B は反対称行列だから，§2.4(f)の記号で $B = \widehat{\boldsymbol{V}}$ なるベクトル $\boldsymbol{V}$ が存在する．座標を変えて $\boldsymbol{V} = (0,0,c)$ としてよい．すると$(*)$は

$$\begin{cases} \dfrac{dx}{dt} = -cy + w_1 \\ \dfrac{dy}{dt} = cx + w_2 \\ \dfrac{dz}{dt} = w_3 \end{cases}$$

となる．この解は，$c \neq 0$ のとき

$$\begin{cases} x(t) = \cos(c(t-t_0)) + \dfrac{w_2}{c} \\ y(t) = \sin(c(t-t_0)) + \dfrac{w_1}{c} \\ z(t) = w_3 t + c' \end{cases}$$

$c = 0$ のとき

$$\begin{cases} x(t) = w_1 t + c_1 \\ y(t) = w_2 t + c_2 \\ z(t) = w_3 t + c_3 \end{cases}$$

(2) 無限小変換を表わすベクトル場は,

$$\boldsymbol{V}(\boldsymbol{x}) = B\boldsymbol{x} + \boldsymbol{w} = \sum_{i,j} B_{i,j} x^j \frac{\partial}{\partial x^i} + \sum_i w_i \frac{\partial}{\partial x^i},$$
$$\boldsymbol{V}'(\boldsymbol{x}) = B'\boldsymbol{x} + \boldsymbol{w}' = \sum_{i,j} B'_{i,j} x^j \frac{\partial}{\partial x^i} + \sum_i w'_i \frac{\partial}{\partial x^i}.$$

括弧積を計算すると

$$[\boldsymbol{V}, \boldsymbol{V}'](\boldsymbol{x}) = \sum_{i,j,k} x^j B_{i,j} B'_{k,i} \frac{\partial}{\partial x^k} + \sum_{i,j} w_i B'_{j,i} \frac{\partial}{\partial x^j}$$
$$- \sum_{i,j,k} x^j B'_{i,j} B_{k,i} \frac{\partial}{\partial x^k} + \sum_{i,j} w'_i B_{j,i} \frac{\partial}{\partial x^j}.$$

これがつねに 0 であるためには, $B'B - BB' = 0$, $B'\boldsymbol{w} - B\boldsymbol{w}' = 0$ が必要十分である.

第3章

3.1 $H = \dfrac{I_1\xi_1^2 + I_2\xi_2^2 + I_3\xi_3^2}{2}$ の $2I_2$ 倍から, $A = I_1^2\xi_1^2 + I_2^2\xi_2^2 + I_3^2\xi_3^2$ を引くと,

$$2I_2 H - A = I_1(I_2 - I_1)\xi_1^2 + I_3(I_2 - I_3)\xi_3^2.$$

よって

$$\xi_3^2 = \frac{2I_2 H - A - I_1(I_2 - I_1)\xi_1^2}{I_3(I_2 - I_3)}.$$

同様に,

$$\xi_2^2 = \frac{2I_3 H - A - I_1(I_3 - I_1)\xi_1^2}{I_2(I_3 - I_2)}.$$

これをオイラーの方程式に代入すると,

$$I_1^2 \dot{\xi}_1^2 = -\frac{(2I_3 H - A - I_1(I_3 - I_1)\xi_1^2)(2I_2 H - A - I_1(I_2 - I_1)\xi_1^2)}{I_2 I_3}.$$

これから題意が得られる.

3.2 (1) 各点 p で示せばよい. その点の近くで dH と dh が 1 次独立にな

るように h をとる．$qdp-dS=-PdH+adh$ としよう．$p\in M_c$ とし，$\boldsymbol{l}(t_0)=p$ なる M_c のパラメータ $\boldsymbol{l}$ をとる．作り方から，$\boldsymbol{l}^*(qdp-dS)=0$ が成り立つ．一方 $\boldsymbol{l}^*dH=0$ ゆえ，$\boldsymbol{l}^*dh$ は決して 0 にならない．ところが，

$$0=\boldsymbol{l}^*(qdp-dS)=\boldsymbol{l}^*(-PdH+adh)=a\boldsymbol{l}^*dh$$

よって，$a=0$，つまり，$qdp-dS=-PdH$．

(2) (1)より $dp\wedge dq=dP\wedge dH$．よって (q,p) を $(P(q,p),H(q,p))$ に写す変換は正準変換である．ハミルトニアンは H であるから，この正準変換をすると，H は巡回座標で，$\dfrac{dP(\boldsymbol{x}(t))}{dt}=-\dfrac{\partial H}{\partial H}=-1$．

(3) (2)より，P の各々の M_c への制限は，$\mathbb{R}$ の開集合と $M_c\setminus\{(q,0)\in\mathbb{R}^2\,|\,q<0\}$ との間の可微分同相写像を与える．したがって，(q,p) を $(H(q,p),P(q,p))$ に写す変換は 1 対 1 である．また，再び(2)より，dH と dS は 1 次独立．よって，題意が従う．

(4) $\displaystyle\lim_{\substack{\varepsilon\to 0\\ \varepsilon>0}}(S(q_c,\varepsilon)-S(q_c,-\varepsilon))=S(q,p)=\int_{M_c}qdp$．ところで，ストークスの定理より，

$$\int_{M_c}qdp=\int_{\Omega_c}d(qdp)=\int_{\Omega_c}dq\wedge dp=A(c)\,.$$

(5) $(q_c,0)$ で M_c は $p=0$ なる直線に接しないから，$(q_c,0)$ の近くで，p,H が座標にとれる．よって(1)より，S を p を止めて H で偏微分すると，P が得られる．したがって，(4)の両辺を c で微分するとは，p を止めて H で偏微分することだから，(4)より(5)が従う．

(6) (2)より $\displaystyle\lim_{\substack{\varepsilon\to 0\\ \varepsilon>0}}(P(q_c,\varepsilon)-P(q_c,-\varepsilon))$ が $H=c$ であるような，ハミルトン方程式の周期解の周期である．よって(5)より題意が得られる．

3.3 (1)

$$\begin{aligned}\varphi^*(\textstyle\sum dp^i\wedge dq^i-dH\wedge dt)&=\left(\sum\left(\dfrac{\partial p^i}{\partial s}\dfrac{\partial q^i}{\partial t}-\dfrac{\partial p^i}{\partial t}\dfrac{\partial q^i}{\partial s}\right)-\dfrac{\partial H}{\partial s}\right)ds\wedge dt\\ &=\left(\sum\left(\dfrac{\partial p^i}{\partial s}\dfrac{\partial H}{\partial p^i}+\dfrac{\partial H}{\partial q^i}\dfrac{\partial q^i}{\partial s}\right)-\dfrac{\partial H}{\partial s}\right)ds\wedge dt\\ &=0\,.\end{aligned}$$

(2) (1)とストークスの定理より．

索引

タ 行

ナ 行

ハ 行

マ 行

ヤ 行

ラ 行

深谷賢治

1959年生まれ

1981年東京大学理学部数学科卒業

現在　ニューヨーク州立大学ストーニー・ブルック校
　　　サイモンズ幾何物理センター教授

専攻　幾何学(リーマン幾何学，ゲージ理論，位相的場の理論)

現代数学への入門 新装版
解析力学と微分形式

2004年4月6日 第1刷発行
2020年9月15日 第13刷発行
2024年10月17日 新装版第1刷発行

著者 深谷賢治(ふかや けんじ)

発行者 坂本政謙

発行所 株式会社 岩波書店
〒101-8002 東京都千代田区一ツ橋2-5-5
電話案内 03-5210-4000
https://www.iwanami.co.jp/

印刷製本・法令印刷

ISBN978-4-00-029936-7 Printed in Japan